「日米指揮権密約」の研究

末浪靖司

戦後再発見
双書

自衛隊はなぜ、海外へ派兵されるのか

創元社

はじめに

末浪靖司と申します。

私は三〇年ほど、新聞社の政治記者として働き、その間、安保外交問題を担当する論説委員もつとめました。そして退職後は、わずかな収入のなかから渡航費や滞在費を捻出し、ほぼ毎年のように渡米してアメリカの国立公文書館を訪れ、機密指定を解除されたアメリカ政府や軍部の公文書を大量に収集してきました。

年金で暮らす身でありながら、誰に頼まれたわけでもなく、そのようなお金のかかる調査を、まるでなにかに取り憑かれたように、ひとりでつづけてきたのです。

いったい自分は、なぜこんなことをしているのか。

そう自分自身に問いかけることもあります。実際、家族には経済面での苦労だけでなく、アメリカ滞在中は食事もおろそかになるため、やせほそって、健康面でも心配をかけていたからです。

けれども、「自分はなぜ、こんなことをしているのか」という問いへの答は、いつもあまりにもあきらかなのです。

それは私が、自分たちが住む日本の平和や安全をどうすれば守れるかという問題を、生きているかぎり調べつづけ、考えつづけたいと思っているからです。長年、安保外交問題を職業として生きてきた人間の、それが義務だと思っているのです。

けれどもその問題を考えるための基礎的な資料が、実は日本にはほとんど存在しない。外務省を取材してもよくわからず、政治学者に聞いてもよくわからず、正確な情報は、ほとんどアメリカで機密解除された公文書に頼るしかない。そのどうしようもない現実を、私は新聞記者生活のなかで、何度も思い知らされてきたのです。

たとえば一昨年の国会で成立し、いま急激に事態が動き出している安保法制などは、その典型といっていいでしょう。

おそらくみなさんはご存じないと思いますが、自衛隊はすでに何年も前から、アメリカのカリフォルニアやアラスカにまで出かけていって、アフリカや中東の砂漠で戦争するための軍事訓練を米軍と一体となってやっています。現実の事態は、新聞やテレビで報道されているより、はるかに先に進んでいるのです。

憲法九条を国是とする日本において、いったいどうして、そんなことが起こってしまうのか。

その本当の理由は、日本のテレビや新聞を読んでいても絶対にわかりません。実はそうした不可解な出来事が起こってしまう一番の理由は、日本政府が国民に知らさぬまま、アメリカと結んでいる秘密の取り決めにあるからです。

その代表的なものが「戦争になったら、自衛隊は米軍の指揮下に入る」という秘密の取り決め、いわゆる「指揮権密約」です。

はじめてこの言葉を聞いた方は驚かれたかもしれませんが、これはすでに数多くのアメリカの公文書によってその存在が証明された、疑いようのない事実なのです。

そしてこれまでは、憲法九条が歯止めとなり、「戦争になったら」の戦争とは日本国内での防衛戦争だけを意味していたのですが、二〇一五年の安保法制の成立によって、自衛隊は世界じゅうの戦争で、米軍の指揮のもとで戦う体制が完成してしまったのです。

そんな状況のなかで、はたして私たち、そして子や孫たちは、どうやって安心して暮らしてゆけるでしょうか。

問題は自衛隊だけではありません。日々の暮らしを考えてみても、米軍の軍用機は爆音を轟（とどろ）かし、民家の屋根のすぐ上を飛び回り、住民は夜も眠れません（けっして沖縄だけの話ではありません）。

たとえ墜落して住民が焼け死んでも、米軍機のパイロットはパラシュートで脱出して無傷で、なんの罪にも問われません（一九七七年に神奈川県で起きた「ファントム機墜落事件」）。米兵が女性をおびき寄せて銃で撃って殺害しても、執行猶予の判決で帰国させてしまう（一九五七年に群馬県で起きた「ジラード事件」）。

レイプ事件の多くは、そもそも立件されず、米兵の運転する車の交通事故では補償金も満足に出ません。

戦後七〇年、大きな経済的繁栄の裏側で隠されてきた、そのような日米間のあまりにも歪んだ関係は、ついにその限界に達し、いま日本社会全体を壊し始めています。

すでにのべたとおり、私はこれまで長年アメリカに通い、ワシントン郊外の民家を間借りして、メリーランド州にあるアメリカ国立公文書館などでの調査をつづけてきました。そしてそこで発見した重要な資料を、コピーや写真撮影、スキャンなどさまざまな方法で記録して日本に持ち帰り、自宅に保存してきました。その膨大な資料の中に、指揮権密約について書かれた多くの秘密文書も存在します。

これから私は、いま自分の目の前にあるそれらの文書を精査しつつ、できるかぎり正確に、この「指揮権密約」という大問題について、その誕生から現在までの歴史をたどってみたいと思っています。「安保法制の成立」と「自衛隊の海外派兵容認」という、戦後日本の最大の転換点にあって、その事実をみなさんにお伝えすることが、いま何よりも必要だと思っているからです。

「日米指揮権密約」の研究　目次

凡例

引用中の〔　〕内は著者または編集部が補った言葉。太字・傍点も編集部によるものです。
本文中の文末に付した（　）数字は、引用した文章の原資料を示すもので、巻末に出典を掲載しました。

序 章

富士山で訓練する米軍と自衛隊

みなさんは、富士山の裾野に巨大な軍事基地があり、そこでは米軍と自衛隊が戦争する訓練をしていることをご存じでしょうか。

いったいそれは、どのような訓練なのでしょう。

まずは日本の象徴・富士山のふもとへ、ご案内します。

広大な富士の裾野。そこでは自衛隊とアメリカ軍が激しい訓練をおこなっている

富士山のふもとでは、平和憲法のもとで暮らす私たち日本人には、とても想像できない現実がくり広げられています。

あたまを雲の上に出し
四方(しほう)の山を見おろして
かみなりさまを下にきく
ふじは日本一の山

（ふじの山　作詞／巖谷小波(いわやさざなみ)　作曲者不詳）


きっとみなさんも、耳にしたり、口ずさんだりしたことがあると思います。

富士山は多くの日本人にとって心のふるさとです。

その美しい富士山、日本の風土を象徴する富士山の北側と東側の広大な裾野は、実はふもとから三合目くらいの中腹まで、すべて軍事基地になっているのです。

二〇一三年にユネスコの世界文化遺産にも登録された富士山は、その後、ますます多くの観光客でにぎわっています。富士山とその周辺の観光にきた人は、年間二千万人をこえ、最近は韓国や中国をはじめアジアなど外国からもたくさんやってきています。けれども観光客の人たちは、富士山の裾野に巨大な軍事基地があって、そこで米軍と自衛隊が激しい戦闘訓練をしていることなど、おそらくご存じないでしょう。

ムリもありません。インターネットで検索すると、「富士演習場」の説明は出てきますが、そこにどのような施設があり、何をやっているかはまったく出てこないからです。

山梨県
北富士演習場
（富士吉田市、山中湖村）
神奈川県
富士山
キャンプ富士
東富士演習場
（御殿場市、裾野市、小山市）
静岡県

富士演習場

いったい富士山の裾野では、だれが、どのような軍事訓練をおこなっているのでしょうか。

そこでは米軍と自衛隊がそれぞれ、また時には一体となって、中東などでの戦闘を想定した激しい軍事訓練をおこなっているのです。劣化ウラン弾などを使った対戦車戦の訓練施設もあります。

富士山のふもとでの日米共同訓練は、まず東富士演習場で一九八一年に始まりました。二〇一一年には、自衛隊の北富士演習場[注]と北富士駐屯地（21ページ参照）で、アフガニスタン戦争やイラク戦争にも参加した米陸軍テキサス州兵と自衛隊の共同訓練がおこなわれています。北富士での日米共同訓練は一九八五年、九三年についで三回目でした。

防衛省は一九八八年以来、地元の山梨県、富士吉田市、山中湖村、忍野(おしの)村などと、五年ごとに「北富士演習場使用協定」を結んでいて、そこには、

「将来にわたり日米共同訓練を恒常的に実施せず、日米共同の演習場化しない」

と書かれています。

ところが実際には、それをすりぬけてこのような共同訓練が実施されているのです。「使用協定」とともに結ばれる「使用条件」には「日米共同演習を実施する場合は関係地方公共団体に説明し理解を求める」と記してあり、日米共同演習を否定していません。

また静岡県側の東富士演習場にも、「日米共同演習場化しない」という「使用協定」があります。「使用協定」には「日米共同訓練など使用目的の変更がある場合、地元と協議し、双方納得の上で対処する」と書かれています。

しかし、ここでも二〇一七年九月には、米陸軍戦闘旅団約八〇〇人と陸上自衛隊普通科（歩兵）連隊約一二〇〇人が対戦車誘導弾などを使った激しい共同訓練をしました。

近年、米軍と自衛隊の訓練はますます激しくなっています。

米軍がおこなう演習計画を見ると、一五五ミリ榴弾砲の砲撃演習や、一五二ミリ重対戦車誘導兵器、一二〇ミリ重迫撃砲、八四ミリ個人携帯対戦車弾、八一ミリ迫撃砲、六〇ミリ迫撃砲、四〇ミリ自動擲弾（てきだん）発射器、一五ミリ機関砲、一二・七ミリ重機関銃、対戦車ミサイルなど、たくさんの種類の兵器を使った激しい訓練が実施されていることがわかります。

米海兵隊のオスプレイやヘリコプター部隊も、頻繁に演習しています。

いまや富士山は、私たち日本人の普通の感覚では、とても理解できないような巨大な日米共同の軍事演習場となっているのです。

いったいなぜ、こんなことになっているのでしょうか。

現地調査にもとづいて、これからご説明いたします。

（注）**北富士演習場**　富士山（標高三七七六メートル）の山梨県側、標高一〇〇〇〜一九〇〇メートルの山林原野に広がる陸上自衛隊の施設だが、地位協定二条4項bにもとづく日米密約により米軍が優先使用する。自衛隊は砲撃・射撃訓練、FTC（富士トレーニング・センター）訓練、一般訓練を、米軍は一五五ミリ榴弾砲実弾演習、迫撃砲、重機関銃、携帯対戦車弾、ヘリコプターなどの訓練をしている。最近は米軍のオスプレイが頻繁に飛来、離着陸訓練もしている。面積は四

五九七ヘクタール。行政区域は富士吉田市と山中湖村。

日本が米軍のために支払う巨額の「思いやり予算」について、映画をつくったアメリカ人、リラン・バクレーさんは、つぎは「富士山にある軍事基地」を映画にしようと考えました。

私（末浪）が日本平和委員会の撮影隊に同行し、山梨県の忍野村の住民の案内で北富士演習場へ見学に行ったのは、二〇一五年一〇月のことでした。中心となる撮影者は、リラン・バクレーというアメリカ人です。

彼は神奈川県に住んでいます。

神奈川は、沖縄についで米軍基地が多いところです。まず横須賀は、原子力空母をはじめ第七艦隊の母港になっており、県民は空母に事故があれば、福島原発事故よりもっとひどい放射能汚染がおこるのではないかと、いつも怖れています。

バクレーさんが住んでいる海老名市の近くには、自衛隊が同居する厚木や座間の米軍基地があり、住民はいつも、米軍機や自衛隊機による激しい爆音や墜落、爆発の恐怖に悩まされています。

米軍の空母から飛び立った戦闘機は、かつて横浜市にも町田市にも墜落したことがあります。首都圏の人口密集地を訓練のために超低空で飛ぶのですから、これほど危険なことはありません。また爆音は、神奈川県だけでなく、お隣の東京都町田市など周辺の市町村にも広がっています。

バクレーさんは当初、「日本人はこんなひどい状態をよく黙ってガマンしているな」と思っていたそうですが、その後、日本政府がこの米軍のために巨額の駐留経費を出していることを知ってさらに驚いたそうです。

日本政府がアメリカ政府と結んでいる「日米地位協定」という条約によれば、駐留経費は原則としてアメリカ自身が出すことになっています。それなのに、基地を貸してあげている日本のほうが、「思いやり予算」といって何千億円もの巨額のおカネを出していると知り、ビックリ。

それで街頭で一般の人たちにインタビューして、そうした現状を「どう思いますか」と尋ねたところ、多くの人から「それはおかしい」という答えが返ってきたそうです。

バクレーさんは、アメリカに帰国したときも、やはり自国の人たちに街頭でインタビューして、

「日本政府は米軍を国内に駐留させて、その経費を思いやり予算といって支払っているそ

うですが、どう思いますか」

と質問しました。

ほとんどの人が、くわしく話を聞くと「それはおかしいね」といったそうです。ほかの国ではどこでも、アメリカがその国に基地をおくときは基地の使用料を払うか、巨額の経済援助をするのが当たり前になっているからです。

それでバクレーさんは思いやり予算をテーマに、日本で『ザ・思いやり』という映画をつくったところ、大評判になりました。

そこでつぎは「富士山の軍事基地」をテーマに映画をつくろうと、撮影にやってきたわけです。映画づくりは素人の私も、反射板をかざして太陽光線をあてたり、案内人の説明をマイクで録音したりと、できるかぎりのお手伝いをしました。

地元の元議員さんにつれていってもらった北富士演習場には、米軍と自衛隊が中東など地球の裏側で、共同で戦争するための訓練施設がつくられていました。

11ページの地図を見ていただくとわかるように、富士山の北側は山梨県、南側は静岡県です。山梨県側にある演習場（基地）は「北富士演習場」、静岡県側にある演習場は「東富士演習場」とよばれています。

いまこれらの演習場では、米軍と自衛隊が激しい戦闘訓練や実弾砲撃演習をおこなっているのです。オスプレイやヘリコプターなどの軍用機も、ここを拠点に危険な超低空訓練や離着陸訓練をしています。

まずは北富士演習場から、そこでどのような訓練がおこなわれているかをご紹介しましょう。

私たちは、忍野村元村議の天野秋弘さんの案内で北富士演習場を見学しました。

忍野村は、忍野八海（おしのはっかい）とよばれる、富士山の伏流水がつくる八つの澄んだ泉で有名な観光地です。国内はもちろん世界中から、たくさんの観光客がやってきます。

北富士演習場のなかには、この忍野村が利用権をもつ入会地（いりあいち）（共同で利用する慣習上の権利を住民がもっている土地）があり、村の人びとは昔から薪（たきぎ）や雑木、雑草を採っていました。

そのため、かつて米軍がここを基地にして砲撃演習をするようになったとき、入会地を自由に使えなくなった村民たちが「富士山を返せ」と抗議して、着弾地に座りこみました。

村民たちの反対運動に手を焼いたアメリカ政府は、いまも米軍基地として使っている「キャンプ富士地区」（11ページ地図参照）だけをのぞいて、すべて日本側に「返還」し、自衛

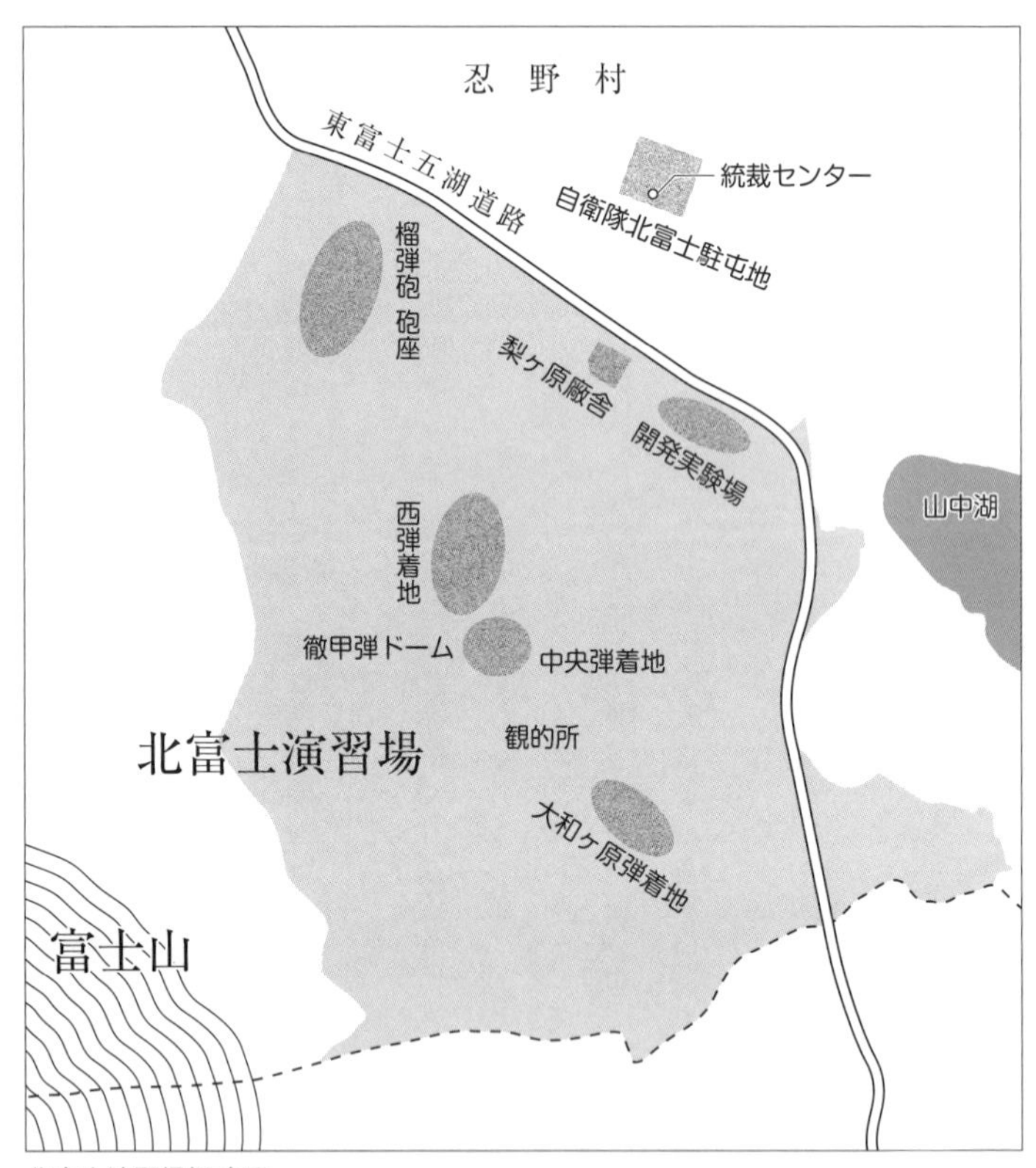
忍野村
東富士五湖道路
統裁センター
自衛隊北富士駐屯地
榴弾砲砲座
梨ヶ原廠舎
開発実験場
山中湖
西弾着地
徹甲弾ドーム
中央弾着地
観的所
北富士演習場
大和ヶ原弾着地
富士山

北富士演習場概略図

2009年11月6日、北富士演習場における米海兵隊の155ミリ榴弾砲の砲撃訓練
(在日米海兵隊ホームページ)

隊の管理下に移しました。しかし、**そのとき日米両国政府のあいだで、**

「毎年、最大二七〇日間、〔米軍が〕優先的使用権をもつ」

という密約が結ばれたのです。そのため米軍は、返還したはずのこの「北富士演習場」と「東富士演習場」の二つの演習場を、いまも「富士演習場」とよんで使いつづけているのです。

いま自衛隊と米軍は実質的に日本列島の北から南まで、あちこちの自衛隊の基地や演習場で共同訓練をおこなっていますが、一九八一年に日本で初めて日米共同訓練がおこなわれたのも、この富士演習場でした。

私は天野さんから以前、一五五ミリ榴弾砲(りゅうだんほう)の砲撃訓練について、近くの山中湖の対岸から、演習場の全景を見ながら説明してもらったことがありました。一五五ミリ榴弾砲は内部に火薬を詰めた一五五ミリ口径の自走火砲で、戦車砲弾が届く距離よりさらに離れた遠方から兵員や車両などの対地目標を攻撃します。一分あたり六発を発射できるといいます。

海兵隊が榴弾砲を発射すると大きな爆発音が起き、二〜三秒後に演習場の端に大きな砲煙が上がります。その様子は山中湖の対岸からもよく見えます。監視隊の人たちはそれを克明に記録し、山梨県議会や国会で議員に追及してもらっているのです。

この日、私たちが案内してもらった目的は、その北富士演習場のどこにどのような施設があり、どのような訓練がおこなわれているのかということを確かめ、撮影するためでした。

北富士の自衛隊駐屯地と、そこから富士山を少し登ったところにある自衛隊北富士演習場では、「殺傷評価訓練」がおこなわれており、全国の自衛隊から普通科（歩兵）部隊が参加しています。

撮影隊が最初に着いたのは、装甲車両などとともに、一五五ミリ榴弾砲がずらりと並べられた陸上自衛隊・北富士駐屯地でした。

陸上自衛隊北富士駐屯地（忍野村）にあるFTC統裁センター。手前には155ミリ榴弾砲がずらりと並んでいる（著者撮影）

榴弾砲や装甲車の後ろには、三階建ての長い建物があります。屋上には長いアンテナが何本も立っています。

ここには陸上自衛隊普通科部隊の「富士トレーニング・センター」（ＦＴＣ）の「統裁センター」がおかれています。

そう言っても、おわかりになる方はほとんどいらっしゃらないと思いますが、まず普通科部隊とは歩兵部隊のことです。陸上自衛隊の実態は世界有数の強力な陸軍部隊なのですが、日本は憲法九条で「陸海空軍その他の戦力を保持しない」ことになっています。ですから言い方を変えてそうよんでいるわけですが、**「陸上自衛隊の普通科部隊」が、最新兵器で武装した精強な陸軍歩兵部隊であること**に変わりありません。

富士トレーニング・センター（ＦＴＣ）とは、ハイテク機材をつかって、演習で相手の兵士をどれだけ殺傷したかを瞬時に評価する訓練センターで、「統裁センター」とは、そうした演習を指揮する司令部のことです。その統裁センターが、二〇〇六年六月に忍野村の自衛隊・北富士駐屯地に開設されたのです。

ＦＴＣ訓練は、全国の自衛隊から定期的に隊員を集めておこなわれており、敵軍の役を演じる北富士駐屯地の「部隊訓練評価隊」一八〇人と、全国五つの方面隊から集められた「陸自普通科中隊」二二〇人が演習をおこなっています。

演習では、双方の部隊がそれぞれの兵士の小銃、装甲車、戦車などの銃砲にとりつけられた発射機（プロジェクター）からレーザー光線を発射します。これが相手側兵士の戦闘服などに取り付けられた受光機（ディレクター）に当たると感応し、その数値が北富士駐屯地にある統裁センターに送られます。バトラーとよばれる交戦訓練装置です。

レーザー光線が頭にあたれば死亡、腕や脚にあたれば負傷とカウントされます。

その数値は同時に「ＦＴＣ統裁センター」に送られ、どれだけ相手の兵士を殺傷したかが評価されます。

ＦＴＣ評価隊は、そのように全国各地からやってくる普通科部隊の相手役となって、Ｆ

TC訓練をおこなわせる部隊です。

これまで、のべ六万人の自衛隊員が集められ、この富士山のふもとで、至近距離での射撃をともなうFTC訓練を受けています。それは、それ以前におこなわれていた訓練とは、まったく違うレベルの軍事訓練だったのです。

北富士演習場には、二階建て民家に似せてつくったコンテナが四棟あり、中の部屋には粗末な家具が置かれ、階段もつくられていました。自衛隊はこうした施設をつくって実戦訓練をおこなっています。

イラクやアフガニスタンなど、米軍が侵攻した国々では、敵の占領地域に攻めこんで一帯を制圧したあと、民家に押し入り、潜伏する武装勢力に攻撃を加えます。FTC訓練はそうした都市型の戦争も想定しておこなわれているのです。

中東の民家に似せてつくられたコンテナハウス（著者撮影）

このような「殺傷評価訓練」は、ソ連が崩壊したあとの一九九三年に準備が始まり、九八年には北富士演習場に関する防衛庁（現防衛省）と地元自治体との使用協定にも、FTCについての項目が書きこまれるようになりました。

自衛隊がイラクに送られるにあたっては、北富士演習場でのFTCを活用した至近距離での射撃訓練に加えて、爆弾や狙撃などの危険によって生じるストレスを克服するための訓練などもおこなわれました。

その後、米軍は二〇〇三年三月にイラクに攻めこみ、イラク戦争が始まりました。その翌年二月からイラクのサマワに送られたのべ五六〇〇人の陸上自衛隊員の多くは、この北富士演習場でFTC訓練をうけていたのです。

そのとき北富士演習場の梨ケ原（なしがはら）には、サマワの宿営地に見立てた「ミニ宿営地」がつくられ、実戦的な訓練がおこなわれました。

「平和新聞」（日本平和委員会発行）編集部が入手した自衛隊内部文書（「イラク復興支援活動行動史」）によれば、北富士演習場では派遣直前の訓練として、FTCを使った武器使用訓練がおこなわれていました。

その内部文書には、

「至近距離での射撃と制圧射撃を重点的に訓練した」

「ＩＥＤ（仕掛け爆弾）や狙撃などの危険が混在する、高ストレスで劣悪な環境における連続的状況を克服した」

「大規模デモや拉致など、現地環境に似た状況に対する対処要領を実戦さながらに演習した」

と書かれています。

制圧射撃とは、機関銃で敵に絶え間ない連続射撃を加えつづけ、反撃を許さない激しい攻撃を意味しています。

ＩＥＤは、路肩に仕掛けられた即席爆発装置です。実際、イラクに送られた自衛隊の隊員たちは、このＩＥＤ攻撃の恐怖にさらされることになりました。

さらにイラク南部のサマワの自衛隊宿営地は、計一四回にわたり迫撃砲やロケット弾による攻撃を受けています。そのなかの二〇〇四年一〇月三一日の攻撃について、内部文書（「行動史」）には次のように書かれています。

「現地時間の午後一〇時三〇分ごろに発射されたロケット弾は、宿営地内の地面に衝突したあと、鉄製のコンテナを貫通して土嚢にあたり、宿営地外に抜けており、ひとつまちが

イラク復興支援活動行動史

第２編

陸上幕僚監部

平成２０年５月

分類番号：W－W３－W３９

平成２１年１２月３１日まで保存

「イラク復興支援活動行動史」の表紙
（布施祐仁氏提供）

えば甚大な被害に結びついた可能性もある」

第一次イラク派遣自衛隊の群長（種々の部隊を集めて編成された大部隊の長）だった番匠幸一郎（ばんしょうこういちろう）氏は、同じ文書の巻頭で「イラク派遣は純然たる軍事作戦であった」と書いています。

つまり日本では「人道復興支援」という名目でおこなわれたイラクへの自衛隊派遣は、その実態は自衛隊が米軍の主導する多国籍軍に加わり、その軍事作戦の一翼を担っていたということだったのです。死者がでなかったのは本当に幸いでしたが、それはたんなる偶然にすぎませんでした。

自衛隊は二〇〇六年六月にサマワでの活動を終了し、撤退することになりましたが、その背景には「これ以上いたら、もう危ない」という現場の判断がありました。実際、現地で受けた強いストレスもあったのでしょう。帰国後に二一人の自衛隊員が自殺しています。

陸上自衛隊の部隊は、カリフォルニア州で、砂漠戦を想定した軍事訓練を米軍から受けています。

二〇一四年一月一三日から二月九日まで、**陸上自衛隊の北富士駐屯地にいる「訓練評価隊」の約一八〇人は、カリフォルニア州の砂漠につくられた広大な演習場（米陸軍訓練センター）で、米軍から砂漠戦の訓練を受けました。**目的は自衛隊が北富士演習場でおこなっているFTC模擬殺傷訓練を、さらにレベルアップするところにありました。

演習には、自衛隊のパートナー（相棒）として米陸軍の約四千人の歩兵（第2歩兵師団・第3ストライカー戦闘旅団戦闘団）が参加し、自衛隊はその指揮を受けて戦闘訓練をしました。

この第3ストライカー戦闘旅団は、これまでイラクに三回、アフガニスタンに一回派兵されている経験豊富な実戦部隊です。

共同訓練は、この第3ストライカー戦闘旅団が架空の国「アトロピア」となって、敵軍役の侵略者「ドローピア」の進撃を迎え撃ち、反撃するという設定でおこなわれました。

「赤い電撃戦（レッド・ブリッツ）」とよばれたこの訓練は、九日間にわたって、昼夜連続して休むことなくつづけられました。それは北富士演習場でおこなわれている三日間のFTC訓練に比べて、三倍も激しいものでした。

この戦闘訓練で、ストライカー戦闘旅団の兵士たちがゲリラ部隊や反乱部隊と対決するという設定のもと、自衛隊はそのパートナーとなって、戦闘訓練をおこないました。**それは自衛隊の戦車や装甲車が対戦車ミサイルで破壊され、普通科小隊は全滅するという最悪の状況を想定したうえで、そのなかでどのように戦うかの訓練をするものでした。**

この訓練では、

「陸上自衛隊は、89式五・五六ミリ小銃、一二・七ミリ重機関銃、八四ミリ無反動砲、87式対戦車誘導弾、74式戦車、96式装輪装甲車などを使った。米軍は五・五六ミリ小銃、八一ミリ迫撃砲、ストライカー、戦車、戦闘車を使用した」

と、二〇一五年七月に当時の中谷元防衛相が国会で答弁しています。

米陸軍の砂漠戦の訓練場であるカリフォルニア州のフォート・アーウィンの演習場には、イスラム教のモスクや建物がつくられており、そこでは中東やアフガニスタン、北アフリカなどでの戦闘を想定した激しい訓練がおこなわれているのです。

砂漠戦の訓練は、カリフォルニア州のモハベ砂漠地帯にあるフォート・アーウィン戦闘訓練センター（NTC）でおこなわれました。

モハベ砂漠は、ロサンゼルスから北東へ約一五〇キロほど行ったシェラネバダ山脈の南側にあります。少し東へ行けば、もうそこはアリゾナ州です。

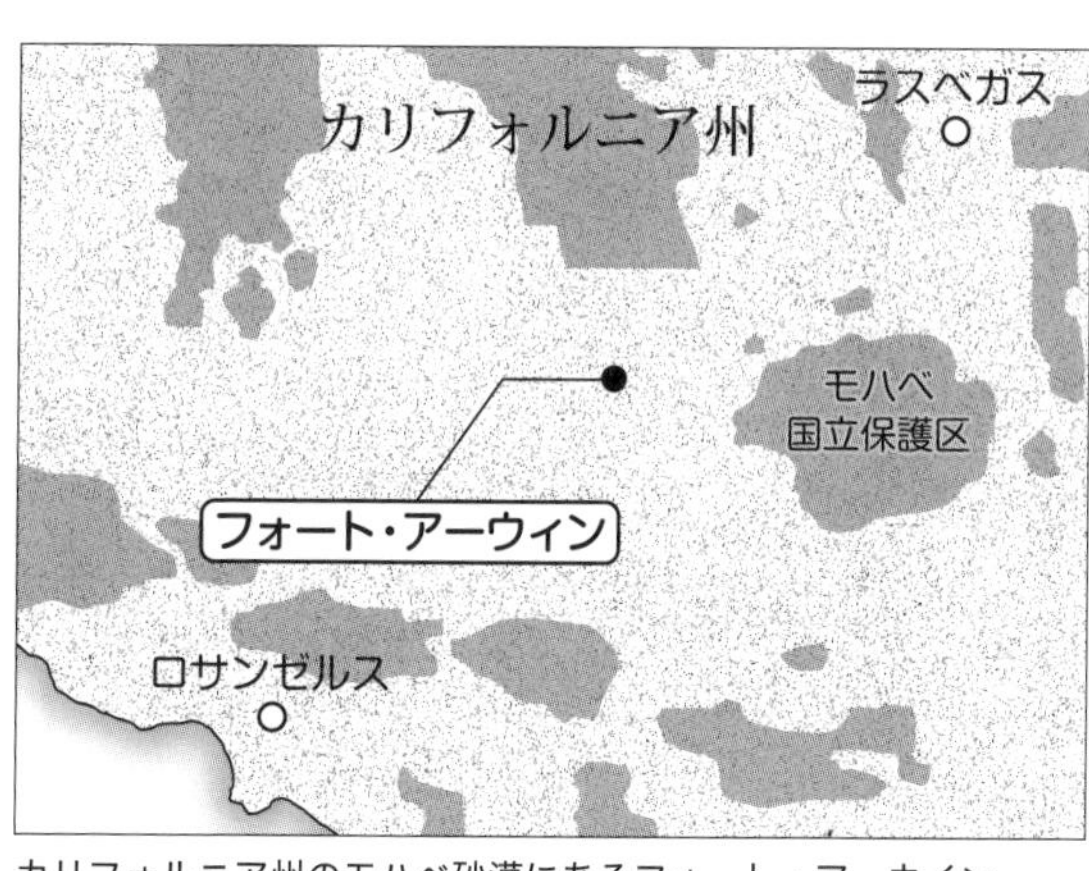

カリフォルニア州のモハベ砂漠にあるフォート・アーウイン

フォート・アーウィン演習場は七〇キロ×五〇キロという非常に広大なもので、北富士演習場の五五倍もの広さがあります。

訓練センターのなかには、五つの射撃区と一五の市街地訓練施設があり、市街地のほうはアフガニスタンやイラクなどイスラムの集落をまねてつくられています。町のなかにはモスク（イスラム教礼拝所）なども あり、食堂の看板もアラビア語で書かれています。

米陸軍のホームページを見ると、市街地訓練地区にはアラビア語をはじめ、英語以外の言語がも

フォート・アーウイン演習場の訓練センターのなかにある、イスラムの集落を想定した市街地訓練施設（米陸軍ホームページ）

都市型の戦闘を想定して、訓練センターにつくられた建物と待ちかまえる兵士たち（米陸軍ホームページ）

ちいられている軍事施設や宗教施設がつくられており、食堂の看板などもアラビア語で書かれています。

砂漠の中に一二の村が人工的につくられていて、ひとつの戦闘旅団全体（約五〇〇〇〜七〇〇〇人規模）が参加できるような大規模訓練をおこなえるようになっているのです。その訓練ではアラブ系俳優が住民に扮して生活し、民間軍事会社の戦闘員がテロリスト役をつとめていたと、現場を取材した記者は書いています。

この広大な砂漠での演習で、米軍が自衛隊の訓練評価隊に叩きこんだのは、実際の戦争がいったいどういうものかということでした。**米軍が世界中で進めている戦争の現実を体**

験させ、将来、自衛隊が米軍の指揮のもとで、任務を遂行できるようにすることが目的だったのです。

日本では、この事実を『西日本新聞』が「米軍・砂漠戦を指導」という見出しで報じました（二〇一五年二月五日）。その記事のなかでは、米陸軍の公式サイトに掲載されていた、「米陸軍との統合は印象的だった。われわれは同じ目的を達成するために米陸軍と並んで戦うことができる」

という陸上自衛隊幹部の証言が紹介されていました。陸上自衛隊の幹部たちは、すでに米軍と「統合している」つもりなのかもしれません。

米陸軍参謀総長は、カリフォルニアでの自衛隊との砂漠戦の共同訓練を評価し、今後はこのような訓練をさらに強化するとの方針をのべました。米軍が自衛隊に期待しているのは、そのような砂漠戦を共同で、しかも地球の裏側でおこなうことなのです。

自衛隊の広報誌『MAMOR（マモール）』には、女性隊員が制服を着て表紙に登場し、自衛隊食堂の美味しそうな料理の写真なども紹介されています。しかしそうした広報誌を読み、「日本を守る」ことに憧れて自衛隊に入隊した青年たちは、カリフォルニアの砂漠でそのような訓練がおこなわれていることを、はたして知っていたでしょうか。

しかもこの訓練では、すでに見たように、陸上自衛隊の部隊は全滅することが想定されていたのです。そのような訓練が、いったい何のためにおこなわれたのでしょう。

「取扱厳重注意」と毎ページに印字された防衛省の内部文書には、自衛隊の河野克俊（こうのかつとし）統合幕僚長にこの訓練の重要性を語った、オディエルノ米陸軍参謀総長の発言が載っています。

「数カ月前、カリフォルニアにあるナショナル・トレーニング・センターにおいて、小規模ながら陸上自衛隊と米陸軍が訓練を実施した。これは、相互運用性、情報共有、指揮統制機能の強化の観点から重要であると認識している。

数年来の努力により海軍種間（米海軍と海上自衛隊の間）では相互運用性について向上が見られるが、陸軍種間（米陸軍と陸上自衛隊の間）には複雑な問題があり、いままさに相互運用性の向上に取りくんでいるところである。この分野は、今後われわれが取りくむべき分野であると考えている[1]」

日本には砂漠など、もちろんどこにもありません。その日本の防衛を任務とする陸上自衛隊の隊員たちが、モハベ砂漠での激しい地上戦闘訓練に投入されたのは、アメリカの陸軍がそれを必要と考えていたからだったのです。

ではそれは、何のために必要だったのか。

「相互運用性、情報共有、指揮統制機能を強化するため」だったと、オディエルノ参謀長はのべています。つまり兵器や装備、運用、情報、指揮などを一本化し、いかに苛酷な状況のもとでも、自衛隊が米軍の指揮下で戦闘できるようにするためだったのです。

さらに同陸軍参謀総長の右の発言によれば、モハベ砂漠での訓練はまだ小規模なもので、今後は「相互運用性の強化」のために、もっと大規模な訓練に取りくむ必要があるというのです。


憲法九条をもつ日本で、なぜ戦争を想定した軍事演習がおこなわれているのでしょうか。海外派兵をめぐる激しい攻防が、いまもつづいています。


こうして美しい富士山の裾野やアメリカの砂漠のなかで、中東などでの戦争を想定した日米の共同軍事演習が、着々と進められてきたのです。

では憲法九条をもつ日本の軍隊が、なぜそんなことをおこなっているのでしょう。

その背景には「はじめに」で書いたとおり、「戦争になったら、自衛隊は米軍の指揮下

に入る」という秘密の取り決め、いわゆる「指揮権密約」の存在があります。

いまから六〇年以上前にアメリカと日本の政府が結んだこの密約は、いまも生きています。そして日本の戦後史における長く激しいせめぎあい、つまりアメリカの言いなりになって、共同での軍事行動を実行しようとする政府と、憲法をよりどころにそれを許さない国民との長いたたかいの歴史をへて、ついにその密約を実行する最終段階が近づいてきたのです。

安保法制をめぐる二〇一五年秋の国会の攻防は、そのひとつのヤマ場でした。相撲にたとえて言えば、政府はこの法律を成立させたことによって、「自衛隊の海外派兵を、なんとかして食いとめたい」と願う人びとを、土俵ぎわに大きく追いつめたといえます。

けれども、もう勝負がついて、自衛隊が実際の戦争に突入したわけではありません。相撲でいえば土俵ぎわの「うっちゃり」、野球でいえば「一打逆転」ということも十分にありえます。そうなるか、ならないか。決めるのは私たちなのです。

第二章でくわしく見るように、「指揮権密約」は一九五二年に結ばれていますが、それから六五年以上も日本国民は、密約が実行されるのを阻止してきたのです。その激しい攻防はいまもつづいています。

その歴史を次章から、アメリカ政府文書などの確実な証拠によってたどっていくことにします。

今後も政府の動きを食いとめていくためには、いま米軍と自衛隊のあいだで、どのような戦争準備が進められているかを、ひとりでも多くの人に知っていただく必要があるからです。

カリフォルニアの砂漠や北富士演習場でおこなわれている訓練は、米軍が日本の周辺だけでなく、地球の裏側でも自衛隊を指揮して戦争するつもりであることを示しています。

日本とアメリカの軍事的関係が、「共同」や「合同」などとはとても言えるものではないことは、アメリカの演習場でおこなわれている日米共同訓練を見ると、すぐにわかります。

その訓練が、日米同盟の盟主であるアメリカの軍隊が、従属国である日本の自衛隊を指揮しておこなう戦争訓練であることは、だれの目にもあきらかだからです。

国籍の異なる軍隊が、ともに戦争をするときの「指揮（コマンド）」の問題については、当然ながら、防衛省の関係者がもっともよく研究しています。

航空自衛隊・幹部学校の戦史教官室長である磯部巖氏（元防衛大学校講師・一等空佐）は、共著書のなかで、**軍事行動においては統一指揮が原則であり、その指揮権は国と国の力関係で優位な国が握ると、次のように書いています。**

「作戦の実施に際しては、作戦の目的や目標を明確にして、各種戦力を集中することが肝要で、各国の軍隊・部隊あるいは軍種がそれぞれ独自に行動したのでは、作戦目的を効率的に達成することはできない。このためには、統一指揮が原則で、国家の戦争指導機構から作戦部隊まで、どの段階で一人の指揮官に指揮をとらせるか、指揮官にどこまで権限を持たせるかが重要な問題となる」（『軍事学入門』防衛大学校・防衛学研究会編　かや書房　一九九九年）

「指揮の関係が協同関係にせよ、統一指揮関係にせよ、主導権は国と国の力関係で、兵力量、装備、運用等の優れた国が握り、主導権を握る国の指揮官が定めた作戦方針、作戦要領に対して異論を唱えることは難しく、同意せざるを得ないというのが実情である」（同前）

磯部氏のこの指摘は、日米共同演習が現実にどのような前提のもとでおこなわれているかを、よく示しています。

自衛隊が北富士演習場でおこなっている訓練は、日本防衛のための訓練ではありません。海外で米軍を支援して戦争をするための訓練なのです。

北富士の徹甲弾ドームは、劣化ウラン弾の模擬爆弾（徹甲弾）発射訓練をおこなう国内唯一の施設（著者撮影）

北富士演習場の監視活動をしている山梨県平和委員会・代表理事の桜井真作氏によると、二〇一六年だけを見ても、小銃、機関銃、重機関銃はもちろん、対戦車ロケット砲、二五ミリ機関砲、一五二ミリ重対戦車誘導兵器、八四ミリ個人携帯対戦車弾、六〇ミリ迫撃砲、八一ミリ榴弾砲（りゅうだんほう）、一二〇ミリ重迫撃砲など、地上戦を想定したあらゆる種類の兵器が訓練で使われていたそうです。

演習場の中には、中央部を厚いコンクリート壁で覆われた巨大な構造物などもあります。

対戦車戦で使われる徹甲弾（てっこうだん）の発射訓練のための大ドー

ムです。

徹甲弾は、戦車や装甲車など、厚い装甲板でおおわれた目標を貫通するための弾丸です。自衛隊が使う徹甲弾は、弾頭部分が注射器のように尖った形状をしています。

砲弾の中心にある弾芯には劣化ウランやタングステンが使われており、標的にあたると装甲の外側の鉄板に穴をあけ、内部にいたるまで吹き飛ばします。北富士のこの訓練施設は、現在は使用されていないようですが、徹甲弾の発射訓練はいつでもできるようになっています。

劣化ウランを使った弾丸は、貫通力が強く、命中すると衝撃で発火するという特徴をもっています。そのため厚い鉄板を撃ち抜き、戦車を破壊したあと、さらに中にいる人間を殺傷するのです。また兵士たちは、たとえ砲弾によって殺傷されなくても、飛散したウラン粒子により、人体に重大な損傷を受けることになります。

散乱する155ミリ榴弾砲の破片（著者撮影）

巨大な徹甲弾のための発射訓練ドームを見ると、富士山の裾野が、イラクやアフガニスタンなどの中東の戦場に直結している現実を、生々しく実感させられます。

米海兵隊が沖縄県でおこなっていた県道越えの実弾砲撃演習は、北富士演習場に移されたあと、さらに増強されています。あちこちに「危険　弾着区域」の看板があり、砲弾の破片が散在しています。

次に、この章の冒頭で少しふれた米海兵隊と陸上自衛隊による一五五ミリ榴弾砲の砲撃訓練について見てみましょう。

この訓練は富士山の山梨県側の北富士演習場だけでなく、静岡県側の東富士演習場でもおこなわれています。

さきに見たように、村民たちの基地反対運動に手を焼いたアメリカは、北富士と東富士の演習場を、それぞれ別の時期に日本側に「返還」しましたが、その後、密約によって、以前と変わらず使いつづけるようになりました。その富士演習場に、沖縄でおこなわれていた砲撃訓練[注]を「戻した」のです（海兵隊は沖縄に移駐する前は、富士演習場で砲撃訓練をおこなっていました）。

県道（一〇四号線）を越えて実弾の砲撃訓練をすることへの沖縄県民の怒りは大きく、米軍は訓練中止を余儀なくされたのですが、それを逆手にとる形で、今度は本土で砲撃演習を復活させることにしたのです。

こうした実弾での砲撃演習は現在、富士山のふもとのほか、北海道の矢臼別（やうすべつ）、宮城県の王城寺原（おうじょうじばら）、大分県の日出生台（ひじゅうだい）でもおこなわれています。

GP（ガンポジション）と書かれた榴弾砲発射地点の標識（著者撮影）

北富士では、自衛隊駐屯地から車で富士山のゆるやかな坂道をしばらく登って行くと、いつのまにか北富士演習場についています。それから車で数分走ると、「GP（＝Gun Position）99」と書かれた標識があります。ここから東にむけて一五五ミリ榴弾砲が発射されるのです。

富士山の頂上を前に見ながら、なだらかな裾野道を登ってゆくと、広大な裾野の向こう側に山中湖が小さく見えます。戦車道のいたるところにキャタピラの跡がついています。

一五五ミリ榴弾砲は一発の重さが約五〇キロ、高さは大人の腰あたりまであって、最大射程は二四〇〇〇メートルです。アフガニスタンでは四〇キロ先のタリバンの拠点に砲弾を撃ちこんだと米軍報告書に書かれていましたが、北富士では四・五キロメートルに距離を短縮して訓練をおこなっています。そうしないと演習場の外に飛び出してしまうからです。

あちこちに「危険・弾着区域」の看板が立っていて、戦車用の道にも、カヤやススキが生い茂る斜面にも、鉄の破片が散乱しています。そのひとつをもちあげて手にとると、ズシリと重く、切断片は鋭くとがっていました。

着弾地であることを知らせる警告板（著者撮影）

イラクなどの戦場で、米海兵隊や陸軍の兵士が一五五ミリ榴弾砲で撃っていたのと同じタイプの砲弾の破片でした。

北富士演習場でおこなわれている実弾演習には、沖縄でもおこなわれていなかった夜間の砲撃演習が加わり、砲撃回数も二〇〇九年は六四二回でしたが、二〇一一年には一七八一回と三倍近くに急増しているのです。

二〇一六年一一月におこなわれた実弾砲撃演習には、約四三〇人の米兵が参加し、約一〇〇台の車両と、一二門の火砲が使用されました。富士山の登山口にある富士吉田市の市会議員・秋山晃一さんは、「砲撃訓練は激しさを増している」と指摘しています。

（注）**沖縄における一五五ミリ榴弾砲の砲撃訓練**　沖縄県で県道一〇四号線を越えて恩納村（おんなそん）に撃ちこまれていたもので、そのためにしばしば山火事を起こしていた。一九九五年の少女暴行事件で沖縄県民の怒りが爆発したあと、日米両政府が本土に移すことに合意し、一九九七年から本土の北海道矢臼別、宮城県王城寺原、大分県日出生台とともに、富士山の北富士・東富士の両演習場でおこなわれるようになった。

米軍機の低空飛行訓練は、いまや沖縄だけでなく、首都圏や関東地方をはじめ、全国に広がっています。最近ではそこに、きわめて危険な欠陥機オスプレイの訓練も加わるようになりました。

ここまで、イラク戦争のような地上戦を想定した日米共同演習や、米軍・自衛隊それぞれの訓練を見てきました。

さらに近年になって、北富士と東富士の演習場では、そこに重大な訓練が加わることになりました。米海兵隊によるオスプレイＭＶ22の低空飛行や垂直離着陸の訓練です。

東富士演習場と北富士演習場で見た、米海兵隊の実弾砲撃演習の現場は広大な原っぱです。

そこではいま、オスプレイが離着陸訓練をくり返しています。

米海兵隊のホームページを見ると、オスプレイは一五五ミリ榴弾砲をつり下げて戦場に運んでいって、敵を砲撃するための訓練もします。

そうした砲撃によって、アフガニスタンやイラクでは、いったいどれほどの人びとが殺傷されたことでしょう。

約4.5トンの155ミリ榴弾砲の空輸を可能にしたMV－22オスプレイ（米海兵隊ホームページ）

米軍の軍用機は日本全土で法令を無視し、超低空での飛行訓練をおこなっていますが、日本政府はそれを容認しています。最高裁判所も憲法違反のその飛行を差し止める判決をだしません。

そのため日本列島は、開発中から墜落事故をくり返してきた欠陥機オスプレイにとって、ほかの国にはどこもない、貴重な演習地となっているのです。

オスプレイが日本列島の上空を超低空で飛ぶのは、それ自体が日本の国土を戦場にみたてた軍事訓練です。

オスプレイ(注)は、二〇一二年に沖縄県の普天間基地に配備されたあと、二〇一四年七月からは、北富士演習場や東富士演習場に頻繁に飛んできて、離着陸訓練をくり返しています。富士山のふもとの演習場から飛び立ち、関東平野をはじめとする日本列島の上空を超低空で飛んでいるのです。

米軍はオスプレイの普天間配備と本土への展開に先立つ二〇一二年四月に、「環境レビュー」という名前の調査報告書を発表し、そのなかで「キャンプ富士の滑走路でのオスプレイ運用は、年間五〇〇回を予定している」と書いていました。

富士山のふもとでの離着陸訓練は、オスプレイが最初に飛来した一ヵ月後の二〇一四年八月二〇~二一日に、早くも北富士演習場で始まりました。

オスプレイは富士山から神奈川県の厚木基地にも、よく飛んでいきます。まっすぐ飛ぶのではありません。超低空でさまざまなルートを飛んでいます。それ自体が、日本の国土を戦場にみたてた軍事訓練なのです。

オスプレイは、ただの輸送機ではありません。兵士と兵器を遠く離れた戦場に運びこみ、いつでもどこでも強力に米軍の戦闘を支援できる軍用機です。厚木基地には「西太平洋海軍艦隊　整備即応センター」という、米海軍と米海兵隊のすべての航空機を整備できる施設があります。米軍が海外に出撃できるようにするための修理拠点です。

（注）**オスプレイ**　鷹にちかい猛禽（もうきん）のミサゴの意味。ミサゴは海岸や湖沼にすみ、水面を低空飛行しながら、獲物を見つけると、水面に急降下し両足で捕らえる。戦闘地域で敵を急襲し攻撃するこの軍用機は、獲物をねらうミサゴのように低空を飛び、敵を攻撃することから、こうよばれる。

自衛隊によるオスプレイの飛行訓練も、いずれおこなわれる予定です。いったいそれは何のためでしょう。

そうしたオスプレイの訓練は、どこかの国が日本に攻めこんできたときに、それを迎え撃つために必要なものなのでしょうか。

そうではありません。**それは中東やアフリカなど海外の戦場で、米軍の指揮のもと、日米が一体となって戦争できるようにするための訓練なのです。**

海兵隊のオスプレイ（MV22）の航続距離は三九〇〇キロメートル。空中給油で燃料補給をつづければ、最長それだけ飛べます。たとえばペルシャ湾岸にあるバーレーンの米軍基地から空中給油しながら飛べば、アフガニスタン北部にもラクに飛んでいけます。

空中給油一回で行動半径は一一〇〇キロ。オスプレイが日本に配備された二〇一二年当時、米海兵隊のホームページを調べると、

「中東や中央アジアなどを管轄する米中央軍の第24水陸両用軍が、二〇一二年七月にイオウジマという名前の強襲揚陸艦で、海兵隊のオスプレイをペルシャ湾の奥深くにあるクウェートまで運び、水陸両用作戦を展開した」

と書いてありました。強襲揚陸艦というのは、重装備の部隊を積んで敵地を襲う軍艦です。

北富士演習場で過酷な地上戦や実弾砲撃演習をおこなった海兵隊の兵士たちを、オスプレイと一緒に佐世保から強襲揚陸艦で中東のペルシャ湾やアデン湾に運び、そこからオスプレイに乗せて戦地へ運ぶと、中東全域と、さらにアフガニスタンやアフリカ大陸北部をふくむ広大な地域をカバーすることができます。

そのようにオスプレイは、広大な戦域のなかの重要な戦闘地域に、戦闘員と必要な兵器を素早く送りとどけることができます。北富士演習場で、実戦さながらの米海兵隊と陸上

自衛隊による地上戦闘訓練と、米軍のオスプレイ離着陸訓練が一体でおこなわれているのは、そうした理由からなのです。

開発中から墜落事故をくり返してきたオスプレイが、人口密集地帯をとびまわっています。

一方、静岡県側にある東富士演習場ではどうでしょうか。

私たちを案内してくれた渡辺希一さんは、地元・御殿場市の高校で物理の先生をしていた方で、子供のころから美しい富士山を見ながら育ってきました。

渡辺さんは、富士山に砲弾が撃ちこまれることがガマンできず、東富士演習場で静岡県平和委員会の監視活動に参加しています。

監視活動を通じてわかってきたのは、オスプレイは現在でも、首都圏の人口密集地の上空を自由に飛びまわっているという事実でした。

私たちは撮影の当日、山梨県側の北富士演習場に行く前に、まず東富士演習場に向かったのですが、演習場に近づくにつれ、やはり「危険・立ち入り禁止」の看板が数多く立っていました。

撮影隊がむかった一〇月下旬の富士山の頂上は雪をかぶり、広大な演習場には、ススキとカヤの原っぱが広がっていました。ときおり自衛隊の車両が通りました。演習場にはときどき鹿などもあらわれて、のんびりと散歩をしていました。

沖縄、岩国、横田、北富士、東富士、厚木、木更津など、各地の基地を結んでオスプレイが激しい訓練をおこなっています。

けれども渡辺さんたちの監視活動は、最近ますます忙しくなっています。一五五ミリ榴弾砲の実弾演習に加え、米海兵隊のオスプレイの訓練が頻繁になったからです。

地元の市町村でオスプレイがくるという情報を得ると、渡辺さんたちは連絡をとりあい、情報を交換し、富士山の五合目まで車で行って、オスプレイがくるのを待ちます。オスプレイが飛んでくると、それがいつあらわれたか、どこからどのような経路を飛んで、どのように離着陸訓練しているかを確認し、メモや写真撮影で記録します。

欠陥機オスプレイは、いつ墜落して、地上で暮らしている住民を犠牲にするかわかりません。

　というのもオスプレイは、ティルトローターといって、左右2つの回転する羽根が、機体を浮上させる「回転翼」と、機体を前方に進めるための「プロペラ」の役割を兼用しています。着陸態勢に入るときは、前を向いていた羽根が斜め上方に角度を変え、このとき墜落する危険がもっとも高いといわれています。

　普通のヘリコプターは垂直で離着陸し、ホバリングといって空中で停止することができます。さらにオートローテーション（自動回転飛行）機能といって、飛行中にエンジンが停止しても、上を向いていた回転翼がそのまま動きつづけ、ただちには落下しないで、安全に着陸する機能がついています。

　ところが、オスプレイにはこの機能がありません。このためエンジンが停止すると、そのまま墜落することになります。だから事故が絶えないのです。

　富士の演習場にやってくるオスプレイの多くは、東京都の横田基地から飛んできたものですが、沖縄県の普天間基地からも、山口県の岩国基地からもやってきます。ときには神奈川県の厚木基地からも飛んできます。

　富士の演習場には給油や修理の設備がないのですが、厚木基地や横田基地には、オスプレイを修理する設備があり、相模湾や東京湾に入港した米空母からも、艦載機が飛んできて離着陸をくり返しています。オスプレイが富士山で訓練しているのは、海外の戦場に出撃する予行演習でもあるのです。

加えて、神奈川県から東京湾をはさんだ対岸の千葉県木更津市では、陸上自衛隊の駐屯地のなかにオスプレイの定期整備のための工場が常設されることになり、そのための協定も日米政府間で結ばれました。

海兵隊は「キャンプ富士」で、ほかではできない大規模な日米共同での実弾砲撃訓練をおこなっていると公表しています。

広大な富士の演習場には、米軍がまだ自衛隊に移管していない基地（「キャンプ富士〈11ページ参照〉」）があり、ここでは日米共同で砲撃演習がおこなわれています。

二〇一六年五月一四日の米海兵隊ホームページには、「キャンプ富士」は海兵隊にとって最良の訓練場であり、近くの自衛隊駐屯地の陸上自衛隊と定期的におこなう共同訓練は、日米関係を非常に強固なものにしていると書かれています。密約にもとづいて米軍が使用する北富士演習場や東富士演習場とはちがって、ここキャンプ富士では、米軍と自衛隊の共同訓練が堂々と日常的におこなわれているのです。

憲法9条をもつ日本で、なぜここまで米軍と自衛隊の共同訓練がおこなわれるようになってしまったのでしょうか。

現在、一昨年の国会で成立した安保法制がいよいよ動きだしています。そして自衛隊は米軍と、陸上でも海上でも上空でも共同訓練をするようになっています。日米の基地や演習場を共同で使って、実戦さながらの激しい戦闘訓練をしているのです。

安保法制を審議した二〇一五年の国会では、自衛隊と米軍の指揮（コマンド）を「調整（コーオーディネーション）」という名のもとに一本化するための防衛省の統合幕僚監部（制服組のトップ）の内部文書が明らかになりました。

安保法制の国会審議から半年も前の、二〇一四年一二月に訪米した河野克俊（こうのかつとし）統合幕僚長は、アメリカの統合参謀本部議長、陸軍参謀総長、国防副長官、海兵隊司令官、空軍参謀総長、海軍作戦部長らと密談し、日米両軍が共同で作戦することや、アフリカ、南シナ海などへ自衛隊を海外派兵することを約束しました。

なぜこのように自衛隊の武官がアメリカに出かけていって、勝手に海外派兵の約束まで

することができるようになったのでしょうか。それは日本政府が戦後ずっと、いまの憲法のもとではできない、やってはいけないと言いつづけてきたことであるにもかかわらずです。

その謎をとくカギが、本書のテーマである「指揮権密約」、つまり「戦争になったら、自衛隊は米軍の指揮下に入る」という密約にあります。

どうして日本はそんな密約を結んだのか。そして六〇年以上前に結んだその密約が、なぜいま実行されようとしているのか。

そのことを知るためには、まずこの密約が結ばれた歴史をたどる必要があります。

第1章
指揮権密約の起源
1949～1950年

第二次大戦の終結から４年後、アメリカは日本の占領政策を大きく転換し、日本に軍事力をもたせて、それをみずからの指揮のもとで使いたいと考えるようになりました。

けれども日本には、できたばかりの平和憲法があります。その矛盾をいったい、どうやって正当化すればいいのか。アメリカ政府内では1949年から、すでにそのための話しあいが始まっていました。

1950年、朝鮮戦争を契機に創設された警察予備隊。52年に保安隊、54年に自衛隊へと発展していく（「シリーズ20世紀の記憶」毎日新聞社）

日本国憲法
第二章　戦争の放棄
第九条　日本国民は、正義と秩序を基調とする国際平和を誠実に希求し、国権の発動たる戦争と、武力による威嚇又は武力の行使は、国際紛争を解決する手段としては、永久にこれを放棄する。
② 前項の目的を達するため、陸海空軍その他の戦力は、これを保持しない。国の交戦権は、これを認めない。

第二次大戦後、日本を非武装化したアメリカは、東西冷戦の高まりをうけて、一転して日本に軍事力をもたせたいと考えるようになります。

いまこの日本では、米軍機が憲法を無視して我がもの顔で上空を飛びまわり、さらには自衛隊がアメリカ製の最新兵器で武装して、米軍との共同訓練をくり返しています。

けれども本来、日本には、

「陸海空その他の戦力を保持しない。交戦権を認めない」

と書かれた憲法九条があるのです。だから米軍駐留や日本の再軍備は憲法違反である。実はそのことは、アメリカ政府や軍部がだれよりもよく知っていました。なぜなら、この憲法をつくるうえで主導的な役割をはたしたのは、みなさんよくご存じのとおり、マッカーサーひきいる占領軍（ＧＨＱ）だったからです。

ところがその憲法の規定に反して、こんどは日本政府に米軍駐留を認めさせ、再軍備もやらせなければならない。

これは非常に難しい課題です。

アメリカの当局者は、この難しいパズルをどのように解いていったのか。

一昨年（二〇一五年）日本では、自衛隊を海外に送り、米軍と一緒になって軍事行動をおこなうための、新しい法律がつくられました。自衛隊の体制も整備され、序章でお話ししたとおり、米軍と自衛隊が共同で軍事演習をくり返しています。

けれどもそうした「日米の軍事的一体化」の出発点で、アメリカ政府や軍部がどのように考え、日本をどのように誘導していったかという事実は、残念なことに日本側の資料を見ていてもまったくわからないのです。

この章では、アメリカ国立公文書館に保管されていたアメリカ政府と米軍の公文書により、この問題を解き明かしていきたいと思います。

一九四九年一一月、アメリカでは陸軍、国務省、占領軍総司令部（ＧＨＱ）の幹部がワシントンに集まって、対日政策の転換について議論していました。

私がアメリカ国立公文書館で入手してきたアメリカ政府の文書からは、対日政策転換の担い手となった、意外な人びとの存在が浮かびあがってきました。

一九四九年、首都ワシントンの秋も深まった一一月二日、国務省の一室に米陸軍の幹部と、国務省の対日政策担当者や特別補佐官、それに東京の占領軍総司令部（ＧＨＱ）からやってきた要人たちがあつまって、真剣な論議をおこなっていました。

その顔ぶれは七〇年近くたったいまも、日本ではあまり知られていませんが、いずれもその後の日本の進路に、決定的な影響をあたえた人たちです。（1：巻末出典　以下同）

まず出席者を紹介しましょう。

●平和条約締結後の米軍駐留を協議したメンバー

マグルーダー陸軍少将

一年後、軍部の要望を徹底してもりこんだ旧安保条約の原案を執筆。

バブコック大佐

占領軍総司令部（ＧＨＱ）のスタッフで、マッカーサー総司令官の側近。

アリソン国務省北東アジア局長

国務省で対日政策を担当、指揮権密約をつくるうえで大きな役割をはたす。

バターワース極東担当国務次官補

米軍部と連絡をとりながら、国務省側で対日平和条約や安保条約の起草に貢献。

ハワード国務長官特別補佐官

国際法学者で、アメリカの対日政策を理論化し、方針転換の正当化をはかる。

ワグスターフ陸軍大佐・国防総省計画作戦局員

国防総省の対日平和条約・安保条約案に軍部の意見をのべたチームのメンバーで、指揮権密約に注文をつける。

フィアリー国務省北東アジア局員

国務省で対日政策を担当。

はじめて目にするようなアメリカ人の名前がいっぱい出てきますが、いずれも現在までつづく日米関係の基礎をつくるうえで、決定的な役割を演じた人たちです。とくに最初の三人は、一九五一年一月から二月にかけて東京でおこなわれた、対日平和条約と旧安保条約締結のための非常に重要な交渉（第一次交渉）にも参加しています。

この会議の内容を、リストの最後に名前のあるフィアリーという国務省北東アジア局の担当官が、くわしく記録していました。彼は戦前、駐日大使だったジョセフ・グルーの秘書官をつとめ、戦後は早くから、国務省で対日政策の策定にたずさわっていた人物です。

歴史は記録でつくられるといいます。このときのフィアリーの記録は、その後の日米関係や日本の歴史を理解するうえで非常に役にたちます。というのもこの会議は、その後あきらかになるアメリカの対日政策の大転換にとって、決定的な意味をもっていたからです。

日本を再軍備させる必要がある。しかし、日本には戦力の放棄を定めた憲法がある。そもそも当の憲法をつくったマッカーサー（占領軍総司令官）の意向はどうなんだというのが、出席者が最初に問題にしたことでした。

まず会議が開かれた事情です。

一九四九年という年は、第二次世界大戦が終わってから四年目にあたります。この年の九月にはソ連が原子爆弾の保有を宣言して、アメリカによる核兵器の独占が破られます。また一〇月一日には中国大陸で革命が成功して、中華人民共和国が建国されました。第二次大戦をともに戦った蔣介石の中国（中華民国）を、アジアの拠点にしようと考えていたアメリカのアジア戦略は、根本的に再検討を迫られていたのです。

米軍部のなかでは、ソ連や中国を封じこめるとともに、日本に再軍備をさせて、アメリカのアジア戦略に利用するべきだという意見がしだいに強くなっていました。

そのためには、もちろん日本を占領統治していたマッカーサーの協力が欠かせません。マッカーサーは当時、占領軍総司令官としても極東米軍総司令官としても、絶大な権力をもっていたからです。アメリカ本国の国務省や軍部がなにか決めても、こと日本に関してはマッカーサーがウンと言わないかぎり、なにも実現できなかったのです。

マッカーサーは連合国軍最高司令官として、一九四五年八月三〇日に神奈川県の厚木飛行場に降り立ちました。

日本が降伏するに際して受け入れたポツダム宣言（注）には、日本軍は武装解除されると書かれていたため、マッカーサーは沖縄を米軍の直接支配のもとにおく一方で、日本の非武装化を進めていきました。それは連合国による対日政策の最高決定機関として、一一カ国の代表によってワシントンに設置された極東委員会（88ページ参照）の見解とも一致していました。つまり日本の武装解除は、当時の国際社会の一致した考え方だったのです。

ダグラス・マッカーサー（1880-1964）アメリカ合衆国の軍人。元米陸軍元帥。日本敗戦後、連合国軍最高司令官として日本を占領統治する。朝鮮戦争では国連軍総司令官

（注）**ポツダム宣言**　米英中三国共同宣言ともいう。一九四五年七月二六日、降伏後のドイツのポツダムで、アメリカ、イギリス、中国の三国首脳の名により発表された。戦争終結の条件を提示した文書。連合国軍による日本占領、日本軍の武装解除、戦争犯罪人の処罰、民主主義的傾向の復活強化、基本的人権の確立、平和的政府樹立後の占領軍撤退などを定めている。

出席者は、東京のＧＨＱ（占領軍総司令部）でマッカーサーの側近だったバブコックの発言に注目しました。

この一九四九年一一月二日の会議に出席した56ページに登場するメンバーは、ハワード、ワグスターフ、バターワースを除いて、いずれも一九五一年九月八日のサンフランシスコ平和会議に、アメリカ代表団の一員として出席することになります。[2]

まずバブコックから、ご紹介していきましょう。

バブコックは、ＧＨＱ（占領軍総司令部）のスタッフで、東京からこの会議のために派遣されてきていました。

バブコックは、日本に軍隊をふたたびもたせることにマッカーサーは反対している、日本人のなかにも、「いまは軍事的手段に幻滅している者がいる」と発言しました。

つまり日本人は第二次大戦で、強大な軍事力を築きあげて、世界制覇の野望をもったものの、アジア諸国から強い反感をかったうえ、米軍をはじめとする連合国軍の前に徹底的に敗北した。そのため、もう軍事力は頼りにならないと思っている。そうした当時の日本人の一般的な考えを、バブコックは説明したのです。

しかしこのときバブコックはその一方で、マッカーサーは日本国内の治安維持のために、「警察隊」の名前で最小限の軍事力を日本にもたせることは必要だと考えはじめているという、微妙な変化についても説明しています。

ポツダム宣言にもとづき日本を占領していたマッカーサーが、日本の再軍備についてどのように考えていたか、そして国際情勢の変化にともない、アメリカの対日政策が急激に転換するなかで、その考え方がどのように変わっていったかは、きわめて重要な問題です。

このあとくわしく見ることにします。

会議の出席者はみな、占領が終わったあとの日本のあり方（米軍駐留や再軍備）について、大きな影響をあたえた人びとでした。

リストの最初に出てくるマグルーダー陸軍少将は、この翌年の一九五〇年一〇月に旧安

保条約の原案を書いて、そのなかで、

「戦争になったら、日本軍は米軍の指揮下に入る」

という、いわゆる「指揮権条項」を書いた人物です。この指揮権についての条項が、その後の日米交渉のなかで正式な条文からは消え、最後に「指揮権密約」として合意されることになるのです。

マグルーダーはこの一九四九年一一月二日の会議においても、

「自分もペンタゴンのメンバーも、日本の再軍備は不必要で望ましくないというマッカーサーの考えには賛成できない」

と、はっきりのべていました。

次に、国務省で国務次官補として対日平和条約の起案を担当していたバターワースです。この会議でバターワースは、マグルーダーやバブコックから出された意見に謝意を表し、それらを踏まえてマッカーサーと緊密に連絡をとるとのべました。バターワースの国務省における重要な仕事のひとつが、米軍部とマッカーサーのあいだの調整だったからです。

バターワースはハワード国務長官特別補佐官と連名で、この会議の出席者の発言を整理し、二週間後に国務長官に報告しています。そのなかでは、日本の非軍事化と中立化がマッカーサーの方針だとのべながらも、それはアメリカ政府には受け入れられないだろうとのべています。

さらに、アリソン国務省北東アジア局長です。

アリソンは一九五〇年四月一一日に、「日本の軍事基地」と題する極秘書簡をバターワースに送り、そのなかで、かなり多くの日本国民が米軍基地に反対していると書きながらも、日本政府のイニシアチブによって占領終結後の米軍駐留を受け入れさせれば、うまくゆくだろうというアイデアを出していました。

その後、日米のあいだでどのような話しあいがもたれたかは不明ですが、**実際に吉田茂首相は翌五月、アリソンのアイデアどおり、訪米する池田勇人（はやと）蔵相に私信を託して、日本側から米軍駐留の受け入れを言い出してもよいとアメリカ側に伝えています。**

当時の日本では、平和条約が発効して占領が終われば、米軍は当然撤退すると考えられており、吉田も表向きは「米軍の駐留は認めない」という立場をとっていました。そのため、この密室でおこなわれた方針転換は、非常に大きな意味をもっていたのです。

ウィリアム・W・バターワース（1903-1975）アメリカ合衆国の外交官。極東担当国務次官補として任命された後、日本専任の次官補として後任のディーン・ラスクと職務を分担（トルーマンライブラリー）

アリソンは日本の歴史や国民感情に精通した知識人で、さきほどふれた一九五一年一月からの日米間の第一次交渉には、国務省の対日平和条約担当副顧問として参加し、また同年九月のサンフランシスコ平和会議には副国務次官補として参加しています。

さらに日本の独立後は、一九五三年から五七年まで駐日大使として、日本国内で高まる米軍基地反対運動への対処や自衛隊の増強などに、手腕を発揮することになります。

憲法九条が軍事力を禁止しているなかで、いったいどうすれば日本に再軍備させることができるのか。それを可能にする「理論」を考えだしたのは、国務省きっての理論家といわれた国際法学者ハワードでした。

ここで少しくわしく説明する必要があるのは、リストの五人目に登場するハワード国務長官特別補佐官です。

彼は国際法学者で、国務省きっての理論家でした。

なにか新しい政治状況が生まれ、アメリカ政府がそれまでとってきた政策や方針を変更する必要が出てくると、それをどのように正当化するかを考えるのが、ハワードの仕事です。

ではハワードは、軍事力の放棄を定めた日本の憲法九条と再軍備を両立させるために、どのような「理論」を考えだしたのでしょうか。

当時、国防総省のなかでは、ソ連や中国と対抗するために、日本に再武装させてその軍事力を利用できないかという考えが強くなっていました。けれども、それは「日本がもう二度と戦争できないよう、軍隊をもたせず、非武装国家とする」という、それまでのアメリカ政府の方針とは異なります。

では、どうするか。

ハワードは、この会議の二日後の一一月四日に、「日本の軍隊（アームド・フォーシズ）の復活にかんする覚書」という機密文書を書いて、バターワース国務次官補に送りました。

ハワードはそのなかで、国防総省だけでなく、国務省もこの時期にすでに日本の再軍備を真剣に検討していたことをあきらかにしています。そしてその目的は、日本に駐留する米軍の軍事力を補完するためだという方針ものべていたのです。

東西冷戦の高まりを受けて、国防総省の方針は、占領終結後も米軍が駐留を継続することや、日本を再軍備させる方向へと大きく転換しつつありました。その流れに国務省も対応する必要があることを、もっとも早くから主張していたのが、ハワードだったのです。

アメリカ国立公文書館には、このころハワードが書いて、国務長官をはじめ国務省や国防総省、さらにはホワイトハウスなどにも提出した大量の文書が保管されています。

たとえば先にあげた「日本の軍隊の復活にかんする覚書」のなかでハワードは、国防総省の一部に日本軍を復活させたいという強い欲求があり、国務省としてもその問題についての方針を固める必要があると書いています。

日本を再軍備させることは、アメリカが主導して生まれたポツダム宣言や日本国憲法に反するということはよくわかっているけれども、国防総省がそれをどうしても必要だと考えている以上、国務省としてもそれに対応する必要があるとハワードは国務長官に進言していたのです。

「国防総省のなかでは、一部の人びとから、**日本に駐留するアメリカの海軍や空軍を**

補完するために、（略）**日本の地上部隊を復活させることを強く支持する声が出ている。**これが国防総省全体の立場になるかどうかを言うのはまだ早すぎるが、国務省は国防総省と今後さらに議論をするうえで、この重要な問題について、しっかりした方針をもつことが必要になっている」[3]

たしかに国防総省（軍部）の内部では、日本の再軍備という方針転換は「国際情勢が変わったから当然だ」ということで通るでしょう。けれども、外交の世界ではそうはいきません。その方針転換を正当化する論理（ロジック）が必要となるのです。

アメリカ政府にとって、そうしたやっかいな外交上の問題があるからこそ、ハワードが国務長官特別補佐官という要職に登用され、国務省や国防総省、占領軍総司令部の首脳たちの会議に出席していたわけです。

ハワードはこの一一月四日の機密覚書では、再軍備が日本国憲法との大きな矛盾を引き起こすとしながらも、

「バブコック大佐によれば、マッカーサー総司令官は現在、日本軍の再活性化（リアクティベーション）（復活）に反対している。しかしながら、口に出しては言わないが、日本の再軍備が問題になる時はそのような安保取決めをする条項を平和条約に入れることには反対しないだろう」[4]

と書いていました。

もちろんハワードはマグルーダーにも、一一月二二日に警察隊（コンスタビュラリー）の大きさについて制限を避けることにしてもよいではないか」と書いた機密のメッセージを送っています。[5]

東京の状況をよそに、ワシントンでは事態はどんどん前に進んでいました。このようにマグルーダーやバターワースが一九四九年一一月二日にワシントンに集まって、日本の再軍備を相談した二日後には、ハワードがそれを実現するための方策を、国務長官などアメリカ政府の首脳たちに提案していたのです。

ハワードは、日本に再軍備をさせるには憲法を改正する必要があると思っていました。しかしその一方で、日本にとってさらに大きな問題は、戦後の疲弊（ひへい）した経済のなかで、軍事費をいかにして捻出するかだということも理解していました。

当時、日本では旧日本軍の軍備や軍需工場は解体され、現役の軍人もまったく存在しませんでした。日本に再軍備をさせて、それを米軍が使うためには、旧日本軍の大本営参謀や海軍を中心とする高級軍人を復活させなければなりません。

そのとき憲法との関係はどうするのか。ハワードは、

「〔再軍備については〕日本が憲法でおこなった戦争と戦力の放棄を、つづけるのか、それともやめるのかという方針をまず決めるべきだ」

としながらも、その一方で、

「日本国内には現在まで、〔新しい憲法を〕廃止しようという強い動きは存在しない」

と書いていました。これが当時のいつわりのない日本の姿でした。

そこでさらに六日後の一九四九年一一月一〇日、ハワードは「日本軍の再活性化（リアクティベーション）（復活）に関して国務省がとるべき立場」という表題をつけて、国務長官に機密の覚書を送りました。そこには、日本の再軍備は、現在の憲法をつづけるのか否かということと無関係に決めるべき問題ではないという意見とともに、

「アメリカの対日援助や日本の労働力・資金は、米軍の日本駐留と強力な日本警察部隊の維持にあてられるべきだ[6]**」**

と書かれていました。

「強力な日本警察部隊」とは、アメリカの供給する武器・弾薬で武装した事実上の日本軍のことです。

日本は当時、敗戦後の混乱で経済が疲弊しており、激しい食糧難と、深刻なインフレや失業に苦しんでいました。そのため日本が再軍備するうえでは、憲法問題もさることなが

ら、軍事費をどうするかということがなによりも大きな問題だったのです。

「欲しがりません。勝つまでは」とか、「贅沢(ぜいたく)は敵だ」などと言われて、戦時中のきびしい生活に耐えてきた日本人には、戦争も軍備も「もうイヤだ」という思いが強くありました。そのことをよく知っていたハワードは、アメリカが日本にあたえている経済援助は、もっぱら再軍備のために使われるべきだと、あらかじめクギをさしていたのです。

アメリカとその軍部が日本の軍事力を必要としたのは、植民地からの解放や民族独立を求めるアジアの新しい政治状況に対応するためでした。

アメリカは、なぜ米軍を日本に駐留させ、日本に再軍備をさせようとしたのでしょうか。一般にはソ連や中国とのあいだで冷戦が始まったためと言われています。けれども実際は、もっと切実な理由があったのです。

ハワードは前日の一九五〇年一月九日に、「対日平和条約に対する行動勧告」と題するかなり長文の機密報告書を国務長官に提出し、そのなかで、

「平和条約の締結後も占領軍や米軍が日本で駐留をつづけることは、太平洋地域におけるア、い、い、アメリカの支配的な軍事的地位を維持し、太平洋地域での長期にわたる安全を確保するた

めだという意思の確固とした表明になる」[7]

と書きました。

当時、アメリカ政府の当局者が「太平洋地域」と言っていたのは、太平洋にある国々はもちろん、極東や、さらに東南アジアまでを含んだ広大な地域をさしていました。

ハワードによれば、日本の占領が平和条約の発効によって終了しても、米軍が引きつづき日本に駐留することが、アメリカが広大な「太平洋地域」を支配するためには不可欠だというのです。

戦前は多くの国々が欧米列強の植民地になっていたアジアでは、第二次大戦後、民族独立運動が急速に高まり、とりわけ武力で新政権を樹立した中国革命[注]は周辺諸国に大きな影響をあたえました。

そのような第二次大戦後のアジア情勢は、それまでアジア諸国を植民地にしていたヨーロッパ諸国に代わってこの地域に進出したアメリカにとって、非常に警戒を要する事態でした。

そのため軍事的な観点から見て、アジアで唯一の工業国だった日本に米軍が駐留し、そこから各地へ出動できることが、アメリカにとってきわめて重要な意味をもっていたのです。

歴史学者の江口朴郎(えぐちぼくろう)は、中国革命がアジア地域にあたえた影響の大きさを次のように指摘しています。

「それ〔中国革命〕はもとより共産党の指導によるものであるが、アジアの諸民族の立場からすれば、数世紀にわたる民族的抑圧からの解放を意味することはきわめて明らかであり、（略）とくにアジア諸民族に対する影響はきわめて重大であった」（江口朴郎『帝国主義と民族』東京大学出版会　一九五四年）

米軍部が日本への駐留の継続や、日本再軍備を必要と考えるようになったのは、こうしたアジア情勢の変化が大きく影響していました。実際、その後、米軍が日本から出撃した地域は、ベトナムやラオスなどもっぱらアジア諸国だったことをみても、そのことがよくわかります。

（注）**中国革命**　一九一九年の五・四(ごし)運動に始まり、一九四九年の中華人民共和国を建国した革命。中国では、孫文の指導のもとに清朝を倒して中華民国を建国した辛亥(しんがい)革命と区別して、新民主主義革命とよばれている。

アメリカの軍部は日本の軍隊を復活させ、それを米軍の補助部隊として使いたいと強く希望するようになりました。そのためには、米軍の司令官が日本軍を指揮する体制をつくる必要があります。この時点でハワードが書いていた文書からも、すでにそうした思惑が見てとれます。

米軍部の意見を代表する統合参謀本部のブラッドレー議長ら米軍の首脳たちは、一九五〇年一月末に来日し、マッカーサーと会談しました。これを受けてＧＨＱ政治顧問としてマッカーサーを補佐していたシーボルトは、四月六日に国務省に送った極秘報告書に、

「ブラッドレーが日本を訪問した目的は、アメリカの軍事戦略における日本の役割を確定し、平和条約の発効後に米軍基地を日本に確保できるかどうか、また、どのようにすれば確保できるかを見定めることにあった」

と書いていました。(8)

ハワードは一九五〇年二月二八日、あらためて日本の再軍備構想についての覚書を書き、国務長官、国防長官、統合参謀本部、ホワイトハウスに提出しました。

このなかでハワードは、太平洋地域の平和と安定を維持するためには、アメリカ、カナ

ダ、フィリピン、オーストラリア、ニュージーランド、そして日本を含めて、多国間の安全保障協定（太平洋同盟）を結ぶ必要があるとのべました。

そして日本については、

「この多国間の安全保障協定にしたがって、〔日本に〕必要な基地をおく権利を定める特別の協定が結ばれる」

としていました。[9]

ハワードのねらいは、こうした多国間の同盟をアジアでつくり、それに日本を参加させることによって、アメリカの軍事的要求（平和条約発効後の米軍駐留と日本の再軍備）を受け入れやすくさせることでした。そのためにはまず、**加盟国のどこかの国が攻撃をうけたら、ほかの加盟国は一緒になって戦争に参加するという、アメリカを盟主とする軍事同盟をつくる必要があったのです。**

アジアの民族独立運動をふせぐために米軍が出動するときは、日本の軍事力を利用したいというのがアメリカの本音でした。

ハワードは一九五〇年三月九日にも、対日平和条約と集団安全保障協定について、バターワースに機密の覚書を送りました。

そこでは、さきの二月二八日の覚書で提案した太平洋同盟に加えて、韓国、フィリピン、インドネシア、そしてインドシナ半島の諸国に対する経済的軍事的支援を提唱しています[10]。

これは、日本と平和条約を結んだあと、日本にアジア地域でどのような役割を負わせるべきかという構想のうえで考え出された方針でした。**つまり、アジア諸国の民族独立運動をおさえるために米軍が出動するときには、日本の軍事力を利用したいという本音が早くも出ていたのです。**

ハワードが、日本国憲法や日本国民の意思と矛盾することをよく知りながら、それでも日本の再軍備を正当化することに執念を燃やしたのは、このようにアメリカを盟主とする軍事同盟をつくって、日本などアジア太平洋地域の多くの国々に米軍を駐留させるとともに、日本の軍事力を利用したいというねらいがありました。

ハワードのこの提案は、国家安全保障会議[注]にその要旨が提出されたあと承認されます。こうして彼の主張は、アメリカ政府のトップ・レベルの政策となったのです。

もっとも、アジア太平洋地域における「太平洋同盟」という構想は、オーストラリア、ニュージーランド、フィリピンなどの反対にあって、結局、実現しませんでした。これらの国々は、日本の軍国主義による残酷な戦争を体験しており、日本の再軍備に強く反対していたからです。

(注) **国家安全保障会議** (National Security Council) NSC。大統領が議長を務め、内務、外務、軍事の政策を一体化して大統領に助言する。陸・海・空軍、海兵隊その他の政府機関が国家安全保障に有効に協調できるようにするための安保・軍事に関するアメリカ最高の国家機関。

アメリカがもっとも重視したのは、米軍駐留の正当化をはかることでした。そのためにハワードは苦心して、米軍駐留がなぜ日本の憲法に違反しないかという「理論」を考え出します。

ハワードは、日本ではあまり知られていませんが、米軍が占領終結後も日本に駐留し、現在そこから地球の裏側まで出撃できるのは、ほとんどこの人のせいだといってもよいくらい、「戦後日本」という国のありかたに大きな影響をあたえた人物です。

というのは、日本における米軍の駐留は憲法違反ではないという「理論」をつくりあげたのが、実はこの人だからなのです。いま米軍が沖縄をはじめ日本列島全体で、日本国民の暮らしや権利を無視して行動できるのは、このとき彼の考えだした「理論」にもとづいているのです。

いま米軍が日本でどんな軍事行動をおこなっているか。この本の序章で、富士山のふもとにひろがる北富士演習場や東富士演習場で、米軍と自衛隊が激しい軍事訓練をしていることを紹介しました。

それらは、米軍がこの国でおこなっている軍事行動のほんの一部にすぎません。

いまや日本列島の各地で日米共同訓練がおこなわれ、米軍の軍事行動は、日本列島の陸海空の全域にひろがっています。そして米軍はその日本列島から自由に国境を越え、地球上のあらゆる場所へ出撃しています。

けれども憲法九条二項はどのように読んでも、日本は戦力をもたないと定めています。いやそうではない、禁止しているのは日本の戦力であって、外国の戦力はいいのだという理屈は、だれが考えても、とうてい通用するものではありません。**ところが日本では、このハワードの「理論」をそのまま採用するかたちで、最高裁判所が一九五九年一二月一六日に「米軍駐留は憲法違反ではない」とする判決（「砂川裁判・最高裁判決」）を出しているのです。**

その判決の理由は、憲法が「保持しない」と定めている軍隊には、外国軍隊は含まれないというものでした。しかし、もちろん憲法九条二項には「陸海空軍その他の戦力は、これを保持しない」と、あらゆる戦力がダメだと書かれています。「外国軍隊を除く」とは、書かれていません。

それなのに、なぜ最高裁はこのような判決を出したのでしょうか。

実はこれには、とんでもないウラがあったのです。

東京大学法学部長の横田喜三郎教授は、憲法九条が保持しないとする戦力には、当然、外国の戦力も含まれると早くから指摘していました。

実は現在の日本国憲法が制定された直後から、

「九条で保持しないと定めた戦力には、外国の戦力は含まれない」

という理屈を言い出す者が出てくるかもしれないと予想して、それはまちがいであると鋭く警鐘を鳴らしていた法学者がいました。

東京大学の法学部長だった国際法学者の横田喜三郎教授です。

彼は戦後すぐに出版した著書のなかで、日本が無条件降伏したあと軍備が廃止されたのは、連合国の要求にもとづくものだが、それはまた、われわれ日本人自身の要求でもあるのだと次のようにのべていました。

「軍と軍備がいかに日本の政治を害し、外交をあやまり、経済を圧迫し、文化に干渉したかは、いまやわれわれの身にしみて知るところとなった。かような軍と軍備をだれがふたたびもちたいと希望するであろうか。その廃止はわれわれの心からの要望である。決意である。じっさいにおいて、新憲法でわれわれはこれを明白に表明した。戦争の放棄と軍備の廃止がそれである」（横田喜三郎『国際連合の研究』銀座出版社　一九四七年）

当時、横田は憲法が軍備を全廃した以上、外国の軍隊や戦力も存在させないのは当然だとのべていました。

「〔憲法が〕軍隊も戦力も、いっさいを廃止した精神は、あきらかに、戦争の手段となるものをまったく存在させないということにある。たとえ外国の軍隊や戦力であっても、戦争の手段となるものを存在させることは、右の精神に反するものといわなくてはならない」（横田喜三郎『日本の講和問題』勁草書房　一九五〇年）

横田喜三郎（1896-1993）日本の国際法学者、第3代最高裁判所長官。国際法の観点から満州事変以降の軍部を批判。自衛力については違憲論から合憲論に転じた（「フォト」時事画報社）

ところが、右の本を出してから間もない一九五〇年三月三日、アメリカ

ではハワードが、

「日本国憲法が保持しないと定める軍事力には、米軍の軍事力は含まれない」という「理論」を書いた極秘報告書（「軍事制裁に対する日本の戦争放棄の影響」）を国務長官に提出したのでした。[11]

そしてすでにのべたとおり、その後の五月、吉田首相が訪米する池田蔵相に託した伝言のなかで、米軍駐留の受け入れを日本側からアメリカ政府に表明しています。

横田はその年の一一月、米軍駐留の正当化をはかるために吉田首相が目黒の外相官邸に識者を招いた会合で、「国連による安全保障が確実になるまでは米軍が日本に駐留する」というアメリカ側の考えに対し、「賛成していいではないか」とのべ、米軍駐留賛成派に転向しました。そしてそれから一〇年後の一九六〇年には、前年に米軍駐留は合憲という最高裁判決（「砂川裁判・最高裁判決」）を下した田中耕太郎に続いて、第三代最高裁長官に就任したのです。

最高裁は、「駐留米軍は憲法が保持しないと定めた軍隊ではない」という、ハワードが考え出した「理論」を使って、砂川裁判の判決文を書きました。そのウラには、当時のマッカーサー駐日大使と田中耕太郎長官による密談があったのです。

砂川裁判の最高裁判決については、ここ数年、マスコミでも大きくとりあげられてきたので、ご存じの方も少なくないでしょう。

砂川事件は、東京都の砂川町（現在は立川市）で、米軍基地の拡張に反対する地元農民を支援した労働者と学生が逮捕され、起訴された事件です。

それが戦後日本の政治史のなかでも特筆すべき大事件となったのは、事件から二年近くたった一九五九年三月三〇日、東京地方裁判所が米軍の駐留を憲法違反として、七人の被告全員に無罪を言い渡したからです。

この判決は、裁判長（伊達秋雄）の名前をとって、伊達判決とよばれています。

同判決は、米軍駐留に関しては、それが政策上やむを得ないといった政策論で左右されてはいけないとし、米軍駐留を認めた日本政府の行為は、「日本は軍隊を保持しないと定めた憲法九条」に違反するとしたのです。

砂川事件。1957年に東京都砂川町（現立川市）にあった米軍立川基地の拡張に反対する地元農民と支援者の一部が基地内数メートルに入ったとして、23人が逮捕され、7人が起訴された（「戦後20年写真集」共同通信社）

これは実に見事な判決でした。ハワードが考えだした「理論」すなわち「憲法九条が保持しないという軍隊には米軍をふくまない」とした砂川裁判の最高裁判決のようなレトリックは、実はこの伊達判決によって完全に否定されていたはずなのです。

それにもかかわらず、伊達判決は全裁判官一致の最高裁判決でひっくり返され、米軍の駐留は合憲となってしまいました。それはいったい、なぜだったのでしょう。

伊達判決が、アメリカ政府と日本政府にとってさらに大きな打撃をあたえたのは、判決文のなかで日米安保条約の極東条項[注]をとりあげて、その条項によって米軍は日本から海外に出撃することを許されているから、結果として日本がアメリカの戦争に巻きこまれる恐れがあるとのべていたことでした。

当時、岸内閣が進めていた安保改定によって、戦争にまきこまれる危険があるのではないかと多くの人びとが不安を感じるなか、この伊達判決によって安保条約の本質がいっそう広く国民に理解されるようになったのです。

（注）**極東条項**　「極東における国際の平和と安全の維持に寄与するため」として米軍駐留を認めている安保条約の条項。この条項により米軍は日本から東南アジアや中東・アフガニスタンなど海外に出撃している。一九五一年調印の旧安保条約第一条にも、一九六〇年調印の新安保条約第六条にもある。

「米軍駐留は憲法違反」とした東京地裁の判決（伊達判決）に衝撃を受けたマッカーサー駐日大使は、高裁をとばして最高裁に直接上告する「跳躍上告（ちょうやくじょうこく）」を日本政府に要求し、その後も田中耕太郎最高裁長官と密談を重ねていきました。

そして、砂川事件から五一年後、伊達判決や最高裁判決から四九年後の二〇〇八年になって、世の中がアッと驚くような新事実が明らかになりました。国際問題研究家の新原（にいはら）昭治（しょうじ）氏が、アメリカ国立公文書館に保管されていた重大な米国務省の公文書を発見したのです。

それらの文書には、一九五九年三月末に伊達判決が出されたとき、マッカーサー駐日大使がいかに驚き、あわてたかが書かれています。米軍駐留が憲法違反と判断されれば、米軍はただちに日本から撤退しなければならないからです。

ここに登場するマッカーサー駐日大使とは、終戦直後に日本を占領統治したマッカーサー総司令官の甥で、外交官として一九六〇年の安保改定のアメリカ側交渉責任者となった人物です。

新原氏が発見した極秘公電によれば、伊達判決が出た翌日の三月三一日の早朝、マッカーサー大使が岸内閣の藤山愛一郎外務大臣を呼び出し、東京高裁をとばして最高裁に直接、上告（跳躍上告）せよと要求していたのです。そればかりか、マッカーサーは同年四月二二日には田中耕太郎最高裁長官と密談し、新安保条約の調印に影響がでないよう、米軍駐留の合憲判決を早く出すよう要求していました。

マッカーサー大使はアメリカ政府の代表です。しかも砂川裁判は、その

ダグラス・マッカーサー二世（1908-1997）アメリカ合衆国の外交官。元駐日大使。連合国最高司令官ダグラス・マッカーサーの甥にあたる（共同通信社）

アメリカの軍隊の駐留が合憲か違憲かが争われている裁判ですから、彼は当事者そのものといえます。それが裁判長と密談して、東京地裁での判決をくつがえすことを前提に、判決の日程について密談していたのですから、もうこれだけでも砂川裁判・最高裁判決は、絶対に無効にならなければおかしいはずなのです。

新原氏の発見から三年後の二〇一一年、今度は私（末浪）がやはりアメリカの国立公文書館に保管されていた砂川裁判の国務省極秘文書を発見しました。これら一連の文書により、最高裁判決の当日近くになって、田中耕太郎裁判長がまたもマッカーサーと密談していた事実とともに、密談のなかで田中が裁判の評議内容を漏洩（ろうえい）していたことや、その後のマッカーサー大使のおこなった政治工作などが明らかになりました。

私が発見した極秘文書は、砂川判決が下される四〇日ほど前の一九五九年一一月五日に、マッカーサー大使からハーター国務長官に送られたものです。

そのなかでマッカーサーは、田中最高裁長

㊤藤山愛一郎（1897-1985）日本の政治家、実業家。財界から政界入りし、外務大臣や経済企画庁長官を歴任。1958年から60年にかけて日米安保改定交渉にあたる（「フォト」時事画報社）

㊦田中耕太郎（1890-1974）日本の法学者。文部大臣、参議院議員、第２代最高裁判所長官などを歴任。砂川事件裁判や松川事件裁判など戦後の有名な裁判に関わる（「現代随想全集」東京創元社）

官が大法廷一五人の裁判官による評議の内容について、自分に語ったと報告しています。

同年三月にマッカーサーが藤山に要求して始まり、田中長官と密談をして急がせた砂川裁判の最高裁での審理は、弁護団と検察庁による大弁論を経て、一〇月には一五人の裁判官による評議に入っていました。田中はその内容をマッカーサーに教えたうえ、伊達判決はくつがえされるだろうという、判決の見通しまで明かしていたのです。

そして一九五九年一二月一六日に下された砂川裁判・最高裁判決は、ハワードが一九五〇年三月三日に国務長官に報告した理論をそのまま採用して、米軍駐留は憲法違反ではないと全員一致でのべていたのです。

アメリカ政府は、日本が再軍備をしてその軍事力を米軍の世界戦争のために使うことが、日本国憲法に違反するということをだれよりもよく知っていました。そのため早くも一九四八年にはこの憲法を変えるために動きはじめました。

日本国憲法は、政府の行為により再び戦争が起きないように（前文）、戦争を永久に放棄し、陸海空軍その他の軍備を持たず、交戦権を認めない（九条）と定めています。

そんな憲法があるのですから、アメリカ政府は、日本に強力な軍隊をつくらせて、米軍がその指揮権を握ってアメリカの戦争のためにつかうことなど、とてもできないということをよく知っていました。国際法学者のハワードを国務長官特別補佐官に任命し、いろいろ「理論」を考え出させたのはそのためでした。けれども、それを日本政府にただ命令しても、実現は難しいということもよく知っていました。

アメリカは早くも一九四八年後半には、対日占領政策を協議する極東委員会(注1)で、日本国憲法を改定するための働きかけを、各国に対しておこなっていました。

極東委員会には、このころすでにアメリカとの対立が始まっていたソ連なども入っていましたが、アメリカが主導権を握っていました。

一九四八年一〇月二五日、極東委員会の議長でもあるアメリカのマッコイ代表は、サルツマン占領地域担当国務次官補に書簡を送り、一九四九年五月七日までに新たな日本国憲法を採用するよう、極東委員会として約束したいとのべました。

サルツマンは一九四八年一二月三日、マッコイへの覚書で「憲法見直しは世論の注目を集めないよう敏速に実現すべきだ」と返事をしました。[12]

これは「極東委員会の活動」と題する同委員会の報告として、国務省の『アメリカの外交関係』(注2)に記載されているものです。

注1　**極東委員会**（Far Eastern Commission）　FEC。一九四五年一二月のモスクワ外相会議の決定により、対日政策の最高決定機関としてワシントンに設置された。米英ソ中の四大国とフランス、カナダ、オーストラリア、ニュージーランド、インド、オランダ、フィリピンの一一カ国代表で構成。アメリカが全面講和ではなく、部分講和の方針をあきらかにしはじめると、ほぼ活動停止状態となった。

注2　**『アメリカの外交関係』**（Foreign Relations of United States）　FRUS。作成から三〇年程度が経過し、情報公開法にもとづいて秘密指定を解除して開示されたアメリカ政府文書を、国務省が年代別、国別・地域別、あるいは問題別に編集して発行したもの。

トルーマン大統領から対日平和条約担当の国務省顧問に任命されたダレスは、その翌日すぐにバターワースとハワードに会い、彼らから「日本がアメリカに基地を提供する」と書かれた安保条約の草案を渡されました。

トルーマン大統領は一九五〇年四月六日、ジョン・フォスター・ダレスを対日平和条約担当の国務省顧問に任命します。民主党と共和党の両党に顔がきくダレスを国務省顧問に任命することで、難航していた対日交渉を前進させ、米軍の駐留継続と、さらにそれと一体のものとしての日本の再軍備を実現しようとしたのでした。

694.001/4-750

Memorandum of Conversation, by the Special Assistant to the Secretary (Howard)

TOP SECRET [NEW YORK,] April 7, 1950.[1]

Subject: Japanese Peace Settlement

Participants: Mr. John Foster Dulles
Mr. W. Walton Butterworth, S/J
Mr. John B. Howard, S

I. *Review of Background*

Pursuant to Mr. Dulles' request to be briefed on the Japanese peace settlement problems, Mr. Butterworth and Mr. Howard went to New York for this purpose and met with Mr. Dulles for about four hours.

[Here follows the oral briefing given Mr. Dulles.]

III. *The Views of Mr. Dulles*

Mr. Dulles said that the neutralization arrangement proposed by Walter Lippmann did not make any sense to him in the case of Germany and, although he knew less about Japan, it seemed to him lacking for similar reasons in its application to Japan. Neutrality had no meaning for the Russians.

With regard to bases, Mr. Dulles seemed somewhat unaware of the JCS interest in having bases on Japan proper as well as on Okinawa. He said that he was in general skeptical about the future utility of small bases scattered around the world. It was his impression that the Air Force would rely increasingly on land-mass bases such as those on the North American continent. He could, however, appreciate the usefulness of bases spread out over a considerable area such as we have in the UK. Bases on Japan proper might be comparable to these. Nevertheless bases in a hostile country would be useless and the Japanese must be willing, as were the British in the case of the UK, to request the United States to establish bases on Japan. Mr. Dulles showed no indication that he had any predisposition as to the necessity for bases but rather regarded this as a technical military problem. He was prepared to envisage an arrangement either with or without bases on Japan proper. As for the Ryukyus his views were the same as those of the Department, that an ordinary trusteeship would be as satisfactory as a strategic trusteeship.

ダレスが対日平和条約担当国務省顧問に任命された翌日の1950年4月7日、ニューヨークでのダレス、バターワース国務次官補、ハワード国務長官特別補佐官の会談内容を書いた機密の覚書（「アメリカの外交関係」（FRUS）1950年第6巻）

ダレスは、国務省顧問に任命された翌日の一九五〇年四月七日、早速、ニューヨーク市でバターワース国務次官補、ハワード国務長官特別補佐官と会談しました。

国務省の機密文書によれば、この席で、日本との安保条約の大まかな草案がダレスに示されています。

草案には日本との安保条約の内容について、日本は連合国軍最高司令官のもとで軍隊を提供する国々（アメリカなど）との間に、それらの国々が、日本国内の施設（facilities）を使用する協定を結ぶと書かれていました。[13]

つまり旧安保条約が一九五一年九月八日にサンフランシスコ市で調印される、その一年半も前にアメリカ側は、まず安保条約によって日本に米軍を駐留させ、その駐留の条件を別の協定（のちの「行政協定」）で定めることを考えていた事実がうかがわれます。

日本の占領が終わったあとのことについて、この手品のような手まわしのよさは、いったいどういうことでしょうか。

ハリー・S・トルーマン（1884-1972）アメリカ合衆国の政治家、第33代大統領。第二次世界大戦の終了から冷戦の始まり、朝鮮戦争、対日平和条約交渉などに関与した（米国立公文書館）

ジョン・F・ダレス（1888-1959）アメリカ合衆国の法律家、政治家。トルーマン政権で対日平和条約、日米安保条約を推進。アイゼンハワー政権下で国務長官に就任（ダレス図書館）

アメリカの政府と軍部は、日本の占領が終わったあとの米軍駐留と日本再軍備に向かって急速に動きだしました。すでに日本の再軍備について、容認へと傾きつつあったマッカーサーは、朝鮮戦争が始まる二日前には、はっきりと従来の方針を転換していました。

軍部の首脳たちも、かなり早い段階から動きだしていました。

たとえば統合参謀本部(注)のブラッドレー議長ら米軍首脳が、一九五〇年二月初め、東京にやってきたことが『日本経済新聞』（一九五〇年二月三日）で報じられています。**ブラッドレーはマッカーサー占領軍総司令官と会談したあと、神奈川県の横須賀基地に行き、現地司令官と「横須賀基地を永久に使用する」ことについて話しあっています。**

さらにこの年の六月一七日から二三日にかけて、ルイス・ジョンソン国防長官とブラッドレー統合参謀本部議長が東京にやってきました。

この間に、ジョンソン、ブラッドレーとマッカーサーが、東京で会談をもっています。ダレス国務省顧問も六月一七日に東京に立ち寄ったあと、ソウルに飛んで、再び二一日に東京に戻ってきました。そして、六月二五日の北朝鮮軍の韓国侵攻をはさんで二七日まで

1950年6月18日、対日講和問題などを協議するため東京に集まった（右から）マッカーサー総司令官、ルイス・ジョンソン国防長官、ブラッドレー統合参謀本部議長（朝日新聞社）

東京に滞在しました。

　極東米軍司令部が後日、国務省に送った報告書には、

「ジョンソン国防長官、マッカーサー総司令官、ブラッドレー統合参謀本部議長、ジョン・フォスター・ダレスが一九五〇年六月に東京で、対日平和条約と占領後の空白回避の二つの問題で協議した」

　と書かれています。

　このころ書いたとみられるマッカーサーの一九五〇年六月二三日付の機密覚書を読むと、この六月におこなわれた米軍首脳部との東京での会談が、六五年以上たったいまも、米軍がこの日本で自由に行動している根拠となっていることがわかります。

　実際、米軍はいまもなお、日本の陸も空も

海も自由に使って行動しています。そのうえ、米軍と自衛隊は一体化し、ともに戦争する体制がつくられつつあります。マッカーサーの書いた機密文書には、そのような日本の現状が、実は一九五〇年六月にすでに構想されていたのではないかと疑うに十分な内容が含まれています。

しかしこの占領政策の大転換は、もちろんマッカーサーにとって大きな葛藤（かっとう）をともなったものでした。

（注）**統合参謀本部**（Joint Chiefs of Staff）ＪＣＳ。陸軍、空軍の両参謀総長、海軍作戦部長、大統領付幕僚長の四者で構成される国防総省の機構。各軍の司令部に直結した多数の陸海空軍参謀が勤務し、米軍が戦争するたびにその機能と機構は増強されてきた。対日政策でも戦略的立場から深く関与し、本書でも指揮権密約をはじめＪＣＳの文書がしばしば登場する。

この大転換の二年前の一九四八年、ジョージ・ケナン国務省企画室長やジェサップ無任所大使が日本を訪れ、本国の冷戦政策にあわせて対日占領政策を転換するよう勧めていました。しかしマッカーサーは、その助言を受け入れませんでした。

マッカーサーは、ブラッドレーらとの会談に先立つ一九五〇年六月一四日に書いた機密覚書のなかでは、まだポツダム宣言を引用して、日本の非武装中立は連合国が決めたものだと書いています。そしてもし日本に再軍備をさせたら、オーストラリア、ニュージーランド、インドネシア、フィリピンなど、アジア諸国のあいだに大きな動揺が起こるだろうとのべていました。

つまりマッカーサーは朝鮮戦争（六月二五日）が起こる一〇日ほど前まで、日本の再軍備には消極的だったのです。それは、戦争と軍隊を放棄した日本国憲法は、自分の指導のもとでつくられたものだという強い自負をもっていたからだと思われます。

マッカーサーはソ連への対抗上、沖縄を島ごと軍事要塞化し、そこで強権的な支配をおこなう一方で、多くの日本人が平和憲法を支持し、米軍基地や再軍備に反対していることを、占領統治を通じてよく理解していました。

ですからその二年前の一九四八年三月に、国務省政策企画室長のジョージ・ケナンが東京にやってきたときも、マッカーサーはケナンに、

「戦争の結果が、日本人の考え方に深刻な影響をあたえた。彼ら〔日本人〕が憲法で戦力を放棄したのは、連合国軍最高司令官〔つまり自分〕の希望に迎合したのではなく、とほうもない国民的な体験を反映したものなのだ」[14]

ジョージ・F・ケナン（1904-2005）アメリカ合衆国の外交官。1947年、国務省政策企画室長となり対ソ封じこめ政策を立案。『アメリカ外交50年』など多くの著作がある（モスクワ大使館ホームページ）

という思いを伝えていました。

マッカーサーは、一九四六年一一月三日に憲法が公布された翌年から一九四九年までは、毎年、新年メッセージのなかで戦争放棄の憲法を支持する話をしていました。しかし一九五〇年の年頭には「日本には自衛権がある」と、再軍備を一部認めるようなニュアンスの言い方に変わっていました。

それでもこの年の一月、東京にやってきたジェサップ無任所大使はマッカーサーから、以前ケナンが言われたことと同じようなことを言われたと次のように書いています。

「〔日本の〕憲法は、戦争が国際問題をあつかううえでけっして満足すべき方法でないという日本人の信念と感情を反映したものだ。戦争に勝っても負けても、自分たちの国は破壊されるだろうし、おそらくは〔交戦する〕双方がそうなるだろうということを彼らは理解したのだ[15]」

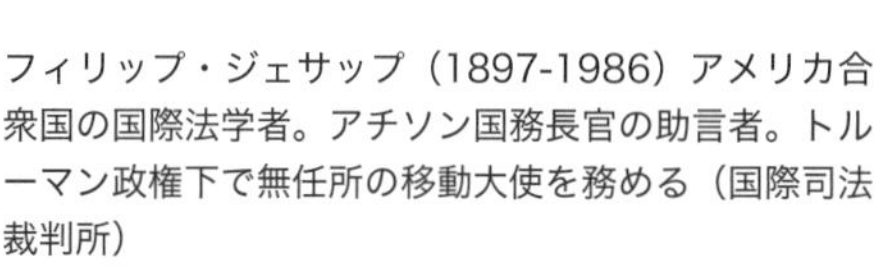

フィリップ・ジェサップ（1897-1986）アメリカ合衆国の国際法学者。アチソン国務長官の助言者。トルーマン政権下で無任所の移動大使を務める（国際司法裁判所）

マッカーサー占領軍総司令官は、圧倒的多数の日本国民がもつ平和への願いについて、よくわかっていましたが、統合参謀本部議長や国防長官、それにダレスの訪日があいつぐなか、米軍駐留と再軍備の容認へ傾きます。

そんなマッカーサーも、再軍備ではなく、平和条約発効後の米軍駐留については、一九五〇年六月一四日の長文の覚書で、

「無責任な軍国主義が世界から追放されるまでは連合国軍が日本に留まる」(16)

としたポツダム宣言を引いて、容認する姿勢を見せていました。さらに六月二三日の機密覚書では、マッカーサーのこの方針転換はいっそう明白なものになります。

そのなかでマッカーサーは、

「日本のすべての地域が、〔米軍司令官のもとで〕無制限の演習区域とみなされなければならない」(17)

と書きました。日本の国土は全部米軍のためにあるというのです。

一九五〇年の五月ごろには、日本ではマッカーサーが米誌『リーダーズ・ダイジェスト』に「日本は東洋のスイスに」と書いたことが新聞などで報じられ、多くの日本人はマ

ッカーサーが日本の中立化を進めているものと思っていました。ですからマッカーサーの内面で大きな方針転換が起きつつあることなど、だれも知るはずがなかったのです。

朝鮮戦争の開戦を受けて、マッカーサーは吉田首相に警察予備隊の創設を命じ、はっきり再軍備へと方針を転換しました。

このころになると、北朝鮮が急速に軍備を増強しているという情報が、マッカーサーにも入るようになりました。

マッカーサーは極東米軍司令官として、アジア太平洋地域の米軍を指揮する権限をもっていました。朝鮮半島の情勢についても、ソウルに設置した朝鮮連絡事務所（ＫＯＬ）が北朝鮮の政府や軍部にスパイを送りこみ、その報告がＧＨＱ（占領軍総司令部）の諜報部門である参謀第二部（Ｇ２）に入っていました。

とはいえ、それらの情報をいくら集めて分析しても、北朝鮮軍が一九五〇年六月二五日に韓国に侵攻するとマッカーサーが判断していた証拠は見あたりません。

アメリカは同年一月二六日に韓国の李承晩（イスンマン）政権と軍事協定を結んでいました。もしもこのとき、北朝鮮軍の侵攻を予測して韓国駐留の米軍を増強していたら、三八度線を越えた

朝鮮戦争。1950年9月、仁川上陸後にソウルの市街で戦闘を展開する国連軍（米海軍ホームページ）

北朝鮮軍がたちまち朝鮮半島の南端まで進撃することはできなかったでしょう。

マッカーサーにしても当時のアメリカ政府の首脳たちにしても、朝鮮半島については、それほど確固たる見通しや方針をもっていたわけではありませんでした。一九五〇年の初めには、統合参謀本部は朝鮮半島をアメリカの防衛線からはずすと表明しており、それが北朝鮮による韓国侵攻の大きな原因となったといわれているくらいだったのです。

一方、占領下の日本に対しては、すでに見たとおり、再軍備をさせてその軍事力や経済力を多国間の防衛条約のなかで使うことが、早くからアメリカ政府のなかで構想されていました。

統合参謀本部や国防総省は、対ソ基地としての日本の重要性を認識し、平和条約の発効後も米軍駐留をつづけるという方針に軸足を移しつつあったからです。

国務省も、たとえ憲法九条があっても、日本に再軍備をさせ、安保条約を結んで、それを根拠に米軍は日本に駐留しつづけるのだという軍部の方針を支持するようになっていました。

そうした状況のなか、凄惨（せいさん）な朝鮮戦争がはじまったのです。

マッカーサーが吉田内閣に警察予備隊をつくらせたのは、米軍基地を守らせるためでした。

トルーマン大統領は戦争が始まった翌日の六月二六日、米海空軍の朝鮮出動を指令し、二八日にはB26爆撃機が発進、二九日にはマッカーサーがソウルに飛び、韓国軍が敗走する状況を視察しました。アメリカ政府は米地上軍の投入を決定、マッカーサーは第八軍司令官ウォーカー中将に朝鮮への出動を命じました。

こうして戦争が始まると、日本を占領していた米軍は、ほとんど朝鮮半島に出動するこ

とになりました。

そのため、アメリカは急遽、日本に「警察予備隊」という名の、実態は武装した軍隊をつくらせて、再軍備をスタートさせることになったのです。しかし、それはあくまで「警察力の延長」であるという建前が政府によってとられていたため、完全な憲法違反がおこなわれつつあることは、国民の目からは隠されたままでした。

マッカーサーが警察予備隊を創設した目的は、米軍が朝鮮半島に出動したあとの日本国内の治安を維持するためとされていましたが、実際は米軍がいなくなったあとの横須賀、横田、佐世保などの重要な米軍基地に日本人を配備し、それらの基地を守らせるためでした。

また、旧日本軍がすでに解体されたなかで、周辺海域に残る大量の機雷を掃海(そうかい)するために維持されていた海上保安庁の掃海部隊は、このとき米軍の命令を受け、朝鮮海域に出動し、機雷に接触し、死者まで出しています。

朝鮮戦争は、米軍が「日本軍」を復活させ、その指揮権を握って海外の戦場で使うという軍部の計画を実行するための、大きなきっかけとなりました。

マッカーサーは一九五〇年七月八日、吉田首相に対して警察予備隊の創設を指令し、極

1950年8月10日、警察予備隊令が公布されると多くの入隊者が集まった。新憲法施行後わずか3年で日本再軍備の第一歩が踏み出されたことになる（「サン写真新聞」毎日新聞社）

東米軍司令部は、その警察予備隊への武器や弾薬の供給を始めました。

この時期、わずか四年前に戦争と軍隊を放棄した日本国憲法を主導してつくらせたマッカーサーは、警察予備隊の発足について、非常に積極的な姿勢をとっていました。

アメリカ国立公文書館に保存されている連合国軍総司令部文書には、マッカーサーが朝鮮戦争の指揮をとりながら、同時に警察予備隊へのカービン銃や小銃、拳銃などの兵器、弾薬の供給や、訓練の内容などについて、具体的な指示を出していたことが記録されています。

日本の国全体が、朝鮮半島に出撃する米軍のための基地となり、艦船、航空機、戦車の修理、兵器、爆弾、弾薬の補給などで、重要な役割をはたすことになりました。

こうして朝鮮戦争が始まったことで、マッカーサーも国務省も、対日平和条約についての方針を完全に転換することになりました。

そうした流れのなかで、一九五〇年九月七日にジョンソン国防長官とアチソン国務長官が、日本との平和条約の早期締結に向けて作業を開始するという合意書に署名し、トルーマン大統領が翌八日にこれを承認しました。

サンフランシスコ市で対日平和条約や日米安保条約が調印される、ちょうど一年前の同じ日のことです。

朝鮮戦争は、アメリカがその世界戦略のために日本を利用することの重要性を、政府と軍部の首脳に痛感させました。

この戦争において、日本は国全体が、朝鮮半島に出撃する米軍を支援するための軍事基地となり、艦船、航空機、戦車の修理や、兵器、爆弾、弾薬の補給などの面で、決定的に重要な役割をはたすことになったのです。

経済面でも、日本には朝鮮特需といわれる非常な好景気が生まれました。この戦争でアメリカが日本に落としたカネは、一九五〇年の会計年度だけで二億ドルから三億ドルにのぼったと、国務省北東アジア局のフィアリーはのべています。(18)

こうした「アメリカの戦争」がもたらした巨額の富が日本の政財界を、現在までつづく異常なまでのアメリカへの軍事的従属体制に走らせた大きな動機となっているのです。

アメリカが日本に再軍備をさせたのは、日本を守るためではなく、アメリカがソ連などと世界中で戦争するときにみずからの指揮下で使うためでした。米軍のトップである統合参謀本部議長が、早くも一九五〇年八月に国防長官に送った機密の覚書のなかで、その本音を書いていました。

一方、ブラッドレー統合参謀本部議長は一九五〇年八月二二日、ジョンソン国防長官に機密の書簡（トップ・シークレット）(注)を送り、そのなかで、米軍が日本の部隊を活用することがいかに重要であるかを強調しました。

日本を再武装させ、アメリカがそれを使えるようにすることが、世界戦争でアメリカが勝利するために必要だと、次のようにのべていたのです。

「世界戦争が起きたときには、アメリカが日本の戦力を活用できることが、みずからの戦略にとってきわめて重要であり、おそらく世界戦争で最終的に勝利する結果をもたらすだろう。それにおとらず重要なのは、戦争に際してアメリカが、ソ連やその同盟国に対してノーと言える立場をとるためには、日本の戦力を必要とするということである」(19)

(注) **機密の書簡** 本書で引用したアメリカ政府文書は、作成されてから約三〇年をへて、情報自由法により秘密指定を解除されたもので、その多くは米メリーランド州カレッジパークにあるアメリカ国立公文書館で閲覧することができる。文書はスキャン、コピー、写真撮影なども可能。それらの文書は、ほとんどが作成時に、秘密性の強いものから順に、機密(トップ・シークレット)極秘(シークレット)秘密(コンフィデンシャル)、部外秘(オフィシャル・ユース・オンリー)などと指定されている。

オマール・ブラッドレー(1893-1981) アメリカ合衆国の軍人。陸軍元帥。ノルマンディー上陸作戦の指揮官。戦後は米陸軍参謀総長をへて統合参謀本部議長に就任(米統合参謀本部ホームページ)

マグルーダー陸軍少将は、米軍が日本軍を指揮するという旧安保条約の原案を書き、緊急時にはすべての日本の軍隊が米軍司令官の指揮下におかれることを明記しました。

ブラッドレーによる世界戦争まで見すえたこの構想を、実際に日本との安保条約の原案に書きこむ重要な人物が、朝鮮戦争のさなかに登場します。56ページの会議にも出席していたマグルーダー陸軍少将です。

マグルーダーは、一九五〇年一〇月二七日につくった旧安保条約の原案のなかで、アメリカは日本の「軍隊」がアメリカ政府の完全なコントロールのもとに創設され、その指揮権を米軍が握る場合にだけ、その創設を認めると書きました。

つまり自分たちの戦争に使える場合にかぎり、日本に「軍隊」をもたせるということです。

この旧安保条約の原案は、アメリカ国務省の『アメリカの外交政策』（ＦＲＵＳ　一九五〇年）に全文が掲載されています。

このマグルーダーの旧安保条約原案を、ラスク国務次官補にあてた機密覚書に添付された文書により精査し、米軍がもつ日本軍の「指揮権」とい

カーター・Ｂ・マグルーダー（1900-1988）アメリカ合衆国の軍人。元米国陸軍大将。1959〜1961年まで在韓国連軍司令官兼第八軍司令官を歴任する（米陸軍ホームページ）

う角度から光をあてたのは、書籍情報社代表の矢部宏治氏です。

矢部氏は著書のなかで、マグルーダーが書いた旧安保条約の原案から、日本の再軍備に関する次の部分を抜き出して紹介し、その重大さを指摘しました。

① 「この協定〔＝旧安保条約〕が有効な間は、日本政府は陸軍・海軍・空軍は創設しない。ただしそれらの軍隊の兵力や種類、編成、装備など、あらゆる点についてアメリカ政府の助言と同意があり、またその創設計画がアメリカ政府の決定に完全にしたがう場合は、その例外とする」

② 「戦争または差し迫った戦争の脅威が生じたと米軍司令部が判断したときは、すべての日本の軍隊は、沿岸警備隊をふくめて、アメリカ政府によって任命された最高司令官の統一指揮権のもとにおかれる」

③ 「日本軍が創設された場合、沿岸警備隊をふくむそのすべての組織は、日本国外で戦闘行動をおこなうことはできない。ただし、前記の〔アメリカ政府が任命した〕最高司令官の指揮による場合はその例外とする」

いやー、これはおどろきです……。

ほんとうに、腰が抜けるほどおどろいてしまいました。

「アメリカ政府の決定に完全にしたがう、軍隊の創設計画」

という表現もおどろきですが、

「国外では戦争できないが、米軍司令官の指揮による場合はその例外とする」

という条文もおどろきです。

そしてなによりのおどろきは、いままさに日本の自衛隊は、六六年前にアメリカの軍部が書いた、この旧安保条約の原案のとおりになりつつあるということなのです！

（矢部宏治『日本はなぜ、「戦争ができる国」になったのか』集英社インターナショナル　二〇一六年）

「戦争ができる国になった」というと、まず思い浮かべるのは、二〇一五年九月一九日に国会で成立した安保法制です。武力攻撃事態法をはじめ、一一本もの重大な法律を一本の法案として国会に提出したところから、安保関連法ともいわれます。

この法律によれば、自衛隊が海外の紛争地域に送られて、アメリカをはじめ外国の軍隊が武装勢力などに攻撃されて危なくなったら、そこに駆けつけて武力を使うことができます。アメリカの軍艦が攻撃されたら、自衛隊の護衛艦はこれらの敵の艦船を砲撃することができます。

日本が戦後はじめて海外で戦争することを可能にしたこの法律は、わずか一回の国会で成立してしまいました。

新聞・テレビやインターネットなどの報道を見て、こんなことは許せないという思いで国会前のデモにいかれた方もいるでしょう。あるいはなんだかよくわからないと思っているあいだに成立してしまって、はたしてこれでいいのかなと思っている方もいることでしょう。

矢部氏はこの本のなかで、あのとき国会では、安倍内閣が提出した法案をめぐって、普通の市民にはだれひとりフォローできないような複雑で錯綜した議論が、約四ヵ月にわたっておこなわれた。しかしすでにアメリカの公文書によって確認されているひとつの密約の存在を知れば、その本質はあっけないほど簡単に理解できると書いています。

それこそがマグルーダーの書いた106ページ②の条項を受け継いだ、

「戦争になったら、自衛隊は米軍の指揮下に入る」

という密約、いわゆる指揮権密約なのです。

マグルーダー陸軍少将が書いた「指揮権密約の原案」は、その後、何度かの修正をへて、一九五一年一月末から始まる日本の独立に向けた日米交渉（第一次交渉）の場に、正式に提出されることになりました。

マグルーダー陸軍少将が一九五〇年一〇月二七日に、指揮権条項をふくんだ旧安保条約の原案を作成すると、米軍部からは同じような主張が次々に出てきました。

そして二カ月後の一二月一六日には、マグルーダーが主任をつとめる陸軍省[注]の占領地域局が、翌年の一月末から始まる日米交渉に提出するための安保条約の条文（「米日安全保障協力協定案」）を正式に作成し、その第八章「集団防衛措置」に、

「〔戦時には〕警察予備隊その他のすべての日本の軍隊は、日本政府と協議したのち、アメリカ政府が任命する最高司令官の統一指揮権の下におかれる」

という条項を書きこんだのです。

こうして平和条約の発効後も米軍が、日本の「軍隊」の指揮権を握りつづけるという基本方針が日本の独立をめぐる正式な日米交渉の場に持ちだされることになりました。

以上が、日本が占領下におかれていた一九五〇年末までの状況です。

では、平和条約が発効して占領が終わったあとはどうなるのでしょうか。

いよいよ現実化する「日本の占領終結」という大プロジェクトにむけて、一九五一年一月末から正式な日米交渉（第一次交渉）が始まります。アメリカ側でその中心となったのは、トルーマン大統領が対日平和条約担当の国務省顧問に任命したダレスでした。その対日交渉を通じて、米軍の日本の軍隊に対する「指揮権」の問題は、水面下の密約となっていきます。

第二章では、その経過をくわしく見ていくことにしましょう。

（注）**陸軍省**（Department of the Army）ＤＡ。国防総省で国防長官、統合参謀本部についで重要な地位を占める。占領下では軍部を代表していた。Department of War と称していたときもある。国防総省にはこのほかに空軍省、海軍省、海兵隊司令部などがあるが、これら四軍は、最近は現地司令官の指揮下で一体となって作戦行動をおこなっている。

「指揮権密約」関連年表　１９４９～１９５０年

１９４５年８月15日	日本、ポツダム宣言を受諾し無条件降伏
８月28日	占領軍総司令部（ＧＨＱ）横浜に設置、９月15日、東京・日比谷の第一生命ビルに移転
10月４日	マッカーサー総司令官、民主化、政治犯釈放を指令
１９４６年２月26日	極東委員会成立
６月26日	吉田首相、憲法第９条は自衛権発動の戦争も放棄と国会答弁
11月３日	日本国憲法公布
１９４７年５月３日	日本国憲法施行
１９４８年11月12日	極東軍事裁判で東条英機ら絞首刑の最終判決、12・23執行
１９４９年５月７日	吉田首相、平和条約締結後も米軍駐留を希望と表明
９月25日	ソ連、原爆保有を宣言
10月１日	中華人民共和国建国
10月11日	コリンズ米参謀総長来日、米軍の長期駐留を言明
11月２日	米軍部と国務省の幹部がワシントンで日本の再軍備を協議
１９５０年１月１日	マッカーサー年頭の辞「憲法は固有の自衛権を否定せず」
26日	米韓相互防衛援助協定調印

1950年2月10日	ブラッドレー統合参謀本部議長ら来日、米軍基地保有を言明
31日	GHQ、沖縄の恒久的基地建設計画を発表
3月3日	ハワード国務長官特別補佐官「憲法九条が保持しない戦力に外国軍は含まれない」と報告書
4月6日	トルーマン大統領、ダレスを平和条約担当国務省顧問に任命
5月3日	池田蔵相渡米、米軍駐留受け入れの吉田メッセージ表明
6月18日	ジョンソン国防長官ら来日、マッカーサーと会談
21日	ダレス来日、ジョンソン国防長官、横須賀基地確保を示唆
23日	マッカーサー、日本を潜在的な基地とみなすと機密覚書
25日	朝鮮戦争始まる
7月1日	米陸軍、朝鮮へ出動
7日	国連安保理、米軍司令官指揮の「国連軍」朝鮮派遣を決議
8日	マッカーサー、警察予備隊創設、海上保安庁増員を指令
9月15日	米軍など、仁川に上陸作戦
10月6日	占領軍、掃海部隊の朝鮮出動指令。10・7同朝鮮戦争へ出動
25日	中国軍が朝鮮戦争に参戦
27日	マグルーダー陸軍少将、米軍による日本軍指揮の安保条約案

第2章
指揮権密約の成立
1951〜1952年

朝鮮戦争が始まるなか、日本の占領終結をめぐる日米交渉でもっとも難航したのは、戦時には米軍が「日本軍」を指揮する権利をもつという「指揮権条項」についてでした。

この主権放棄そのものといえる取り決めは、まず旧安保条約の付属協定である行政協定のなかに組みこまれ、最後は吉田首相とクラーク極東軍司令官のあいだで、口頭での密約として結ばれることになりました。

1950年10月18日、北朝鮮の元山港を掃海作業中に触雷して爆発する韓国軍の掃海艇。日本の掃海隊も同月12日から掃海作業に着手した（米海軍ホームページ）

アメリカは実際の日米交渉のなかで、米軍が日本の軍隊の指揮権をにぎることを、どのようなかたちで日本政府に提案したのでしょう。

第一章では、アメリカの軍部と政府が占領下で日本に軍隊をつくらせることを決め、マッカーサーが吉田首相に命じて警察予備隊をつくらせたところまでを見ました。そしてマグルーダー陸軍少将が旧安保条約の原案を起草し、戦争になったら、米軍司令官が日本軍を指揮するという、「指揮権条項」をそこに書きこんだことも見ました。

では、平和条約が発効して、占領が終わったあとも、どうやってそのような権限をもちつづけることができると彼らは考えていたのでしょう。

軍隊の指揮権というのは、国家の主権のなかでもっとも重要なものです。どんな国であれ、独立国として存在してゆくためには、絶対に欠かせないものです。ある国が、他国の軍隊の指揮権をにぎれば、力によってどんな理不尽なことでも命じることができ、その国を思いどおりに動かすことができるからです。

もし平和条約が発効したあとも、米軍が日本の軍隊を指揮しつづけるとすれば、日本は独立を回復したとは、もちろんいえません。

ところが現実の歴史を見ると、結局アメリカ政府は、平和条約の発効後も、日本軍の指揮権を握りつづけることに成功したのです。いったいどのようにして、そんな手品のようなことが可能になったのでしょうか。

「日本の再軍備は、アメリカの軍事的利益のためにおこなう」と、米軍のトップが内部文書で書いていました。

第一章の104ページで見たように、ブラッドレー統合参謀本部議長が「世界戦争に勝つために日本の部隊を活用する」と国防長官に進言したことは、アメリカの軍部が日本軍の指揮権をもとうとする理由が、自分たちの戦争に日本軍を利用するためだったことを示しています。

また、統合参謀本部の共同戦略調査委員会も、一九五〇年一二月二八日、対日政策についての機密報告書を参謀本部に提出し、日本に再軍備をさせるのは、「アメリカの軍事的利益」のためだと、はっきりその本音を書いていました。(1)

このようなアメリカの軍部の要求を背負って、ジョン・フォスター・ダレスとその一行が一九五一年一月二五日、対日平和条約の交渉のため、東京にやってきました（第一次交渉）。

ダレスは、かつて一九四五年四月から六月にかけて、国際連合創設のために開かれたサンフランシスコ会議で、国連憲章に集団的自衛権の行使を認める第五一条を書きこむことにより、軍事同盟の合法化をはかった人物です。このため、集団安全保障体制による世界平和をめざした国連の機能は大きく損なわれ、いまも世界の各地で紛争や戦争がつづく大きな原因になっています。

第二次大戦後に世界の覇権国となったアメリカは、自分が盟主になった軍事同盟を各国と結び、その網の目を世界中に張りめぐらしていきました。なかでも戦後長らく、アジアで唯一の工業国だった日本は、そうしたアメリカの世界戦略のなかで、きわめて重要な位置を占めていたのです。

トルーマン大統領が対日平和条約の交渉担当者（国務省顧問）に任命したダレスの役割は、そうしたアメリカの世界戦略に役だつような軍事上の関係を、日本とのあいだに確立することだったのです。

ダレスが日本側に示した旧安保条約の原案は、平和条約が発効して占領が終わっても、米軍の特権をそのまま維持しようとするものでした。

日本が世界の国々と平和条約を結んで、一日も早く占領を終わらせることは、日本国民の共通の願いでした。けれどもこのときアメリカが考えていたのは、平和条約と同時に旧安保条約を結ぶことによって、アメリカの軍事上の特権をそのまま維持することでした。

ダレスは一九五一年二月二日、アメリカ側の安保条約の原案である「相互の安全保障のための日米協力協定案」（以下、「安保協力協定案」）を日本側に提示しました。

その第四章「合衆国軍隊の駐留」の第三項は、

「**戦争または差し迫った戦争の危険が生じたとき**（注）**は米軍が、日本の土地や基地、施設など必要とするものを使用し、そうでないときも日本の土地を訓練のために使える**」

とするなど、占領時代とほとんど変わらない内容のものだったのです。

さらにこの「安保協力協定案」は、米軍の権利について次のようにのべています。

「戦争または差し迫った戦争の危険が生じたときでなくても、米軍は、この協定により両政府間で合意した後に、追加的な駐屯地、爆撃や射撃の訓練、中間的な空港のため、あるいは安全な運航をおこなうために必要な大きさの土地や海岸地域を使用する権利を有する」(2)

米軍はいま日本の国土を軍事訓練などで自由に使い、わがもの顔でふるまっています。一九五一年の日米交渉でダレスが最初に示したこの協定案どおりに、米軍は日本の国土を使って、基地の外でも自由に訓練をおこなっているのです。

（注）**「戦争または差し迫った戦争の危険が生じたとき」** 英文は"hositilities or imminentry threatened hostilities"。外務省訳は「敵対行為または敵対行為の急迫した危険が生じたとき」だが、本書では「戦争または差し迫った戦争の危険が生じたとき」と訳している。

ダレスが日本側に示した「安保協力協定案」には、戦時には日本の軍隊は、米軍司令官の指揮下におかれると書かれていました。

二月二日にダレスが示したこの「安保協力協定案」には、さらに重大なことが書かれていました。

すでに第一章でふれたとおり、第八章「集団防衛措置」という章のなかには、「日本軍」に対する米軍の指揮権を定めた次のような条文があったのです。

「戦争または差し迫った戦争の危険が生じたとアメリカ政府が判断したときには、警

察予備隊その他のすべての日本の軍隊は、日本政府と協議したのち、アメリカ政府が任命する最高司令官の統一指揮権の下におかれる」

ダレスが日本側に示したこの協定案について、日米交渉を担当した西村熊雄外務省条約局長は後日、

「駐屯軍の特権的権能を詳細かつあらわに規定していたため、日本からすれば一読不快の念を禁じえないものであった」[3]

という有名な文章を書いています。

このアメリカ側の提案に対して、日本側は同年二月二日のうちに、これでは「日本が軍備をもち、交戦者となることが予想される」として、吉田首相の指示で「第八章は削除する」とする意見をまとめ、翌三日、アメリカ側に伝えました。

しかしそれでもアメリカ側は、まったくあきらめることなく、二月六日の協議で、のちに旧安保条約となる「安保協力協定案」の本体から「行政協定案」を切りはなし、そのなか（第四章）に前述の指揮権条項を移動させるという案を再度、提示してきたのです。

それが次の条文です。

「日本区域内において戦争または差し迫った戦争の危険が生じたとアメリカ政府が判断したときは、日本区域内にある全合衆国軍隊、警察予備隊及び軍事的能力を有する他のすべての日本国の組織は、日本国政府と協議して、合衆国政府が指名する最高司令官の統一指揮権の下におかれる」[4]
（英文からの著者訳）

平和条約や旧安保条約とちがって、「行政協定」は国会で批准する必要がなく、国民の目から隠すことが可能だったため、指揮権条項をはじめ、都合の悪い条項はすべて「旧安保条約案」から分離して「行政協定案」に入れることにしたわけです。

そして翌七日には、三度目の吉田・ダレス会談で、この事務レベルでの交渉内容が了承され、九日にはダレスの補佐役として交渉に参加していたジョン・ムーア・アリソン副国務次官補と井口貞夫外務次官が、「平和条約の覚書」「旧安保条約案」「行政協定案」を含む、計五つの文書に、それぞれ「J.M.A.」「S.I.」というイニシアル署名をしました。

井口貞夫（1899-1980）日本の外交官。外務事務次官、在カナダ特命全権大使、アメリカ合衆国特命全権大使などを歴任（共同通信社）

ジョン・M・アリソン（1905-1978）アメリカ合衆国の外交官。極東担当国務次官補、駐日大使、チェコスロバキア大使などを歴任（共同通信社）

第一次交渉のあと、井口外務次官はアメリカ側に「行政協定の合意は原則的規定にしておいてほしい」と頼みました。井口を動揺させていたのは、占領終結を目前にして、自国の軍隊の指揮権を外国軍に握られるという事態がもつ重大性でした。

井口は第一次交渉から約二カ月後の四月・二日、当時占領軍の外交局長だったシーボルトと会談しました。それは、すでに連絡ずみだった「行政協定の合意は〔表現があいまいな〕原則的規定にしておいてほしい」という日本側の要望について協議するためでした。

その席上、シーボルトは、

「行政協定案・第四章の集団的防衛措置を原則的規定としたいという日本側の重大な申入れは、国防総省には伝えていない。〔二月九日に合意した〕行政協定の案がいやだということになると、平和条約全体が問題にされる懸念さえある」

とのべました。指揮権条項の変更を国防総省に伝えた場合、日本の独立そのものが危うくなるというのです。

これに対して井口外務次官は、

「あの規定が公表されると、民心に動揺をきたす恐れがあるから、〔表現が

ウィリアム・J・シーボルト（1901-1980）アメリカ合衆国の外交官。連合国軍最高司令官総司令部外交局長を務める。GHQ政治顧問として事実上の駐日大使としての役割をはたす（米国務省ホームページ）

あいまいな」原則的規定にしておきたいだけの話である」

とのべました。[5]

井口は第一次交渉で行政協定案に書きこんだ指揮権条項について、国民に知られるのがこわかったのです。

井口のそのような泣き言を受けて、シーボルトは「問題の章は公表しない」とのべ、井口は「それなら原案のままで支障はない」と、ようやく安心したのでした。

井口は次官という外務省のトップにまで上りつめた超エリート官僚です。それなのに、この動揺ぶりはいったい何なのでしょうか。

その根本にあったのは、外国軍による長い占領が間もなく終わり、いよいよ日本は独立できると宣伝しながら、実際は軍隊の指揮権を外国軍に握られつづけることになるという現実のもつ重大さだったのでしょう。

こうして井口外務次官は、行政協定案のなかに移された指揮権条項について、それを「公表しない」ことでアメリカ側と合意したわけです。

吉田茂首相や岡崎勝男官房長官（第一次交渉当時。行政協定交渉時は担当国務大臣）は、日本の軍隊の指揮権を米軍にゆだねることに、基本的に反対ではありませんでした。それで、井口外務次官とアリソン副国務次官補に、指揮権条項の入った行政協定にイニシアル署名をさせ、米軍に指揮権をゆだねる意志の証としたのでした。

ところが彼らは、それが国民の目にふれたら政権の命とりになるということを恐れたのでした。この章のあとで紹介するように、**岡崎はその恐怖感を「〔政権与党である〕自由党の終末になる」とのべています。**

ダレスには、そうした日本側の状況がよく見えていました。だからこそ、その五カ月後、一九五一年九月八日にサンフランシスコで安保条約に調印したときも、行政協定についてはあえて調印しないで継続協議とし、翌一九五二年一月末からラスク国務次官補が東京に来て、時間をかけて再交渉する形をとったのです。

一九五〇年初頭におこなわれた第一次交渉には、日米政府が指揮権密約を結ぶうえで重要な役割を演じるアール・ジョンソン陸軍次官補が参加していました。彼は、ダレスより一足先に帰国し、安保条約から行政協定を切り離し、そちらに指揮権条項を移すという第一次交渉での方針について、マーシャル国防長官に報告しました。

アール・ジョンソンは、マーシャル国防長官がダレス・ミッションの国防総省代表に指名した人物です。日本政府に指揮権密約を結ばせるうえできわめて重要な役割を果たし、本書ではこのあと繰り返し登場します。

アール・ジョンソンは第一次交渉が終了した翌日の一九五一年二月一〇日にワシントンに帰ると、その日のうちに、国防長官のジョージ・マーシャルに極秘の書簡を送りました。そして、そのなかでダレスが日本側に提示した二つの条約（平和条約と旧安保条約）についてのアメリカ側提案は、全体として受け入れられたとしながらも、指揮権条項については問題が起きたとして、次のようにのべています。

日本には再軍備を禁止した憲法があり、政治的にも各政党がそれを支持している。そのため、戦時には米軍司令官が日本軍を指揮するという指揮権条項については、安保条約から切り離し、行政協定のなかに書きこむという方針でいきたい。(6)

この書簡には、井口とアリソンが二月九日にイニシアル書名した「行政協定案」も添付されていました。

こうして指揮権についての東京での合意が、アメリカの国防長官にも報告されることになったのです。

ジョージ・C・マーシャル（1880-1959）アメリカ合衆国の軍人、政治家。第二次世界大戦中の陸軍参謀総長を経て陸軍元帥。戦後は政治家として国務長官、国防長官を歴任（米陸軍戦史センター）

米軍司令官が日本軍を指揮するという行政協定案を、二月九日に日本側と合意したアリソンは、その約束が確実なものになるよう、非公式に作業してほしいとシーボルトに依頼しました。しかしその一方で、日本側の事情によっては、さらに「別の秘密文書」が必要になる可能性についても想定していました。

ワシントンに帰ったアリソンは一九五一年四月三日、東京にいるシーボルトに書簡を送り、さきの訪日で日本側が合意した指揮権についての条項が確実なものとなるよう、非公式に作業してほしいと依頼しました。(7)

さらにアリソンは、もしその問題について日本側の方針が後退するなら、「秘密の交換公文」で約束する方法もあると書いていました。交換公文とは、国家間で取り交わす書簡形式の合意文書のことで、批准を必要としませんが、条約と同じ効力をもっています。つまり「行政協定」よりもさらに裏側で秘密の取り決めを結びながら、その効力を政府間で保証しあうことが可能な形式だというわけです。

日本通のベテラン外交官であるアリソンは、日本が「軍隊」の指揮権を外国軍司令官にゆだねるという重大な取り決めは、日本の憲法や国内の政治的事情を見るかぎり、その実現はたやすいことではないと考えていたのでしょう。

だからもし、旧安保条約の本体から切り離した「行政協定」にも指揮権条項を入れられない場合は、密約にすることも考えていたのです。

もちろん密約といっても、指揮権密約のような重大な問題に関しては、やはり文書が必要です。すくなくとも両国のしかるべき権限のある当局者が合意し、なんらかの証拠を残す必要があります。

では結局、どうなったのか。このあと指揮権密約が、最終的にどういう形で結ばれたかの過程をくわしく見ていくことにしましょう。

統合参謀本部は、もしも指揮権条項が了承されないなら、日本との平和条約には同意しないという強硬姿勢をとっていました。日本の軍隊を指揮下におくことは、当時の米軍にとって絶対に必要な条件だったのです。

ワシントンでは、アリソンがシーボルトに書簡を送ったのとほぼ同じころ（四月二日）、ワグスタープ幕僚司令部中佐が、ダレスあてに極秘の書簡を送っていました。

ワグスタープは指揮権条項を含む行政協定のアメリカ側草案を書いた、統合参謀本部チームのメンバーでした。その書簡は、日本の軍隊が緊急時に米軍司令官の指揮下に入ることを明確にするよう、次のようにのべていました。

「日本政府が求めている内容が、アメリカ政府の任命する最高司令官の統一指揮権のもとに日本軍を置くという行政協定案から、大きくかけ離れていることはあきらかである。この指揮権についての原則には基本的な重要性があり、**日本国内のすべての軍事力が戦時に米軍司令官の統制下にないような協定には、統合参謀本部は同意しない**」(8)

米軍がそこまで日本の軍事力を必要としていた背景には、朝鮮半島でますます激烈になっている戦争の状況がありました。

統合参謀本部はアジアの情勢が、米軍による日本の軍隊の利用を可能にする新たな政策を求めていると主張しました。ではそのころ日本は、アジア太平洋地域でどのようなポジションにあったのでしょうか。

そのころ東京では、マッカーサー連合国軍最高司令官が、日本に駐留していた米陸軍押しもどされ、以後、激戦がつづいていたのです。

（第八軍）を朝鮮戦争に投入するとともに、吉田内閣に警察予備隊をつくらせ、これに機関銃、カービン銃などの武器・弾薬を供給して、米軍基地の防衛に当たらせていました。

朝鮮半島では一九五〇年一〇月に中国軍が参戦したことにより、米軍は三八度線以南に押しもどされ、以後、激戦がつづいていたのです。

同時にアメリカにとっては、さらに大きな事情もありました。

それは極東をふくむアジア全域についての、戦略上の問題です。

統合参謀本部は一九五一年三月一四日に国防長官に提出した機密の覚書で、占領軍の安全のための日本列島の治安確保について強調し、

「新たな情勢は連合国軍最高司令官が、その政策を再検討し、日本の軍隊を十分に利用できるよう新たな政策をつくることを求めている」[9]

とのべました。

さらに五日後の一九日には、

「連合国軍最高司令官が日本の軍事力を利用することができるかどうかは、朝鮮情勢だけでなく、極東における西側の軍事力の今後の大勢に影響する」

と指摘しました。

このように朝鮮戦争を口実に、極東やアジアにおけるすべての米軍の戦争のために、日本の軍事力を補完戦力として使えるようにしたいというのが、米軍部の本音だったのです。

けれどもアジア太平洋地域の情勢は、そうした米軍の思惑を許すほど、甘くはありませんでした。

アメリカの有力紙クリスチャン・サイエンス・モニター（一九五一年三月八日付）は「対日平和条約」と題して、ダレスの東京、マニラ、キャンベラ、ウエリントンへの歴訪を論評しました。

その記事は、

「日本国憲法の特色は〔国民に〕きわめて人気があることだ。政治家たちは、軍部が日本を支配した戦前の日々を覚えており、一方、庶民もこの憲法が気に入っている」

と書いたうえで、アジア太平洋諸国がもつ日本への不信感を、こう指摘することを忘れませんでした。

「フィリピン、オーストラリア、ニュージーランドは、日本の再軍備には非常に懐疑的で、それには激しく抵抗するだろう」

一九五一年四月、トルーマン大統領がマッカーサーを解任しました。ダレスは、トルーマン大統領、アチソン国務長官と会談したあと、ふたたび東京に向かいました。

トルーマン大統領は、一九五一年四月一〇日（米東部時間）、マッカーサー連合国軍最高司令官を解任しました。

マッカーサーは、「国連軍」の司令官として朝鮮戦争を指揮していました。一九五〇年一〇月、中国軍が北朝鮮軍を支援して朝鮮戦争に参戦すると、米軍は多大の犠牲者を出して、三八度線より南に押しもどされました。その後、また少し押しもどしたものの、戦線は膠着（こうちゃく）状態になり、米軍は苦しい戦争を強いられていました。

マッカーサーは中国軍の補給路となっている中国東北部（旧満州）地方への爆撃を主張し、しだいにトルーマンとの対立を深めていました。

のちに一九九一年にソ連が崩壊してからわかったことですが、もともと朝鮮戦争は北朝鮮の金日成（金正恩の祖父）が南北統一の野望をもち、ソ連のスターリンから韓国侵攻の同意を得たうえで始めたものでした。このときスターリンは、毛沢東にも戦争協力を約束させていました。

トルーマンは、米軍が中国東北部を爆撃すれば、中国やソ連との全面的な戦争に発展する危険があると考え、そのような事態になることを恐れていたのです。

トルーマンが中国領内への爆撃を主張するマッカーサーを解任したことは、アメリカ政府が「現実の戦争（ホット・ウォー）」の危険をおかしてまで、ソ連や中国と対決するつもりがなかったことを示しています。

マッカーサーが解任された日の深夜、アチソン国務長官からそのことを電話で知らされたダレスは、翌日、国防総省でブラッドレー統合参謀本部議長、コリンズ陸軍参謀総長らと会ったあと、ホワイトハウスでトルーマン大統領、アチソン国務長官と面会しました。

ダレスはその後、ワシントンを出発し、日本に向かいました。

ダレスが陸軍次官補のアール・ジョンソンをともなってふたたび日本に向かった目的のひとつは、同年一月の第一次交渉以来、懸案になっていた指揮権の問題を決着させることでした。

一九五一年四月、ダレスはアール・ジョンソンをともなってまた東京にやってきました。

こうして「第二次交渉」が始まります。**マッカーサーが解任されたから、というのがその表向きの理由でしたが、本当の目的は二つありました。もちろんひとつは指揮権問題です。**東京に着いたダレスは一九五一年四月一八日午前、第一ビルでアール・ジョンソン陸軍次官補やシーボルトGHQ政治顧問とともにスタッフ会議を開いたうえで、同日午後には吉田首相と秘密の会談をおこないました。

ダレスと吉田首相との会談には、日本側から井口外務次官、西村熊雄条約局長、アメリカ側からシーボルト、アール・ジョンソン、バブコック、フィアリーが出席しました。会談では、井口外務次官が行政協定の問題について質問したのに対して、アール・ジョンソンは、自分たちがワシントンを出発したときは、統合参謀本部と国防総省は第一次交渉での行政協定案に、まだ完全に同意していなかったとのべました。

このやりとりからは、第一次交渉でいちおうの合意をみた指揮権の問題についても、米軍部がこの時点で、まだ不信感をもっていたことがうかがえます。

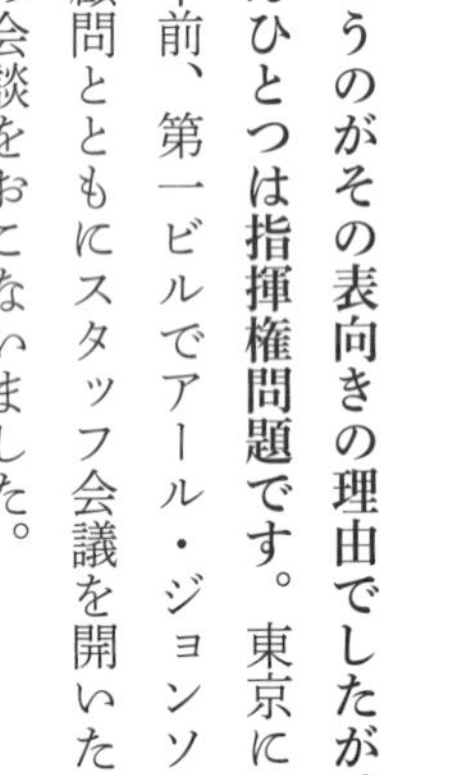

吉田茂（1878-1967）日本の外交官、政治家。元内閣総理大臣。サンフランシスコ平和条約、日米安全保障条約に調印。戦後の国際関係における日本の路線を方向づけた（首相官邸ホームページ）

ダレスが急きょ東京に飛んできたもうひとつの目的は、日本が米軍の戦争を支援する範囲を、朝鮮半島からもっと広い地域に拡大することにありました。

ダレスがマッカーサーの解任後、すぐに東京に飛んだのには、実はもうひとつ大きな目的がありました。それは、日本がアメリカの戦争を支援する範囲を、根本的に変更するという非常に重大な問題でした。

これは一見、指揮権の問題とは関係がないように思えますが、日本の軍隊が米軍の指揮下に入ったとき、いったいどこで戦争をすることになるのかという点で、大きな意味をもっています。

ダレスが吉田首相との会談で提案したのは、日本の独立後の米軍への支援について、その範囲を朝鮮半島以外にも広げることでした。

そのときダレスは「朝鮮での軍事行動に関して、付属文書にわずかの変更をしたい」と、吉田首相にさりげなく切りだしています。

ダレスがのべた「付属文書」というのは、日本が独立後も朝鮮戦争における「国連軍」を支援すると約束した「吉田・アチソン交換公文」(注)のことです。アメリカはこの交換公文

を、一九五一年九月八日にサンフランシスコ市で調印された対日平和条約の「付属文書」として位置づけていたのです。(10)

（注）**吉田・アチソン交換公文**　一九五一年九月八日にサンフランシスコで対日平和条約と日米安保条約が調印された際に、吉田茂首相とアチソン米国務長官が署名した文書で。日本はアメリカなど「国連加盟国」の極東における軍事行動を支援することを約束している。

このときはまだ朝鮮で、米軍が「国連軍」の看板のもと、北朝鮮軍と中国軍を相手に激しい戦闘をおこなっていました。

ではなぜ、このとき米軍は、「国連軍」の看板をかかげることができたのでしょう。

北朝鮮軍が一九五〇年六月二五日に韓国に侵攻して朝鮮戦争が始まると、アメリカはソ連が欠席中だった国連安保理で、北朝鮮を非難する決議とともに「国連軍」を派遣する決議を採択させ、その結果、米軍が「国連軍」の看板をかかげて、朝鮮半島へ出動できることになったのです。

「国連軍」の派遣決議といっても、これは国連憲章が第七章で定めている正規の国連軍ではなく、このときマッカーサーが率いたのは、エチオピア以外はすべてアメリカの軍事同

ディーン・G・アチソン（1893-1971）アメリカ合衆国の弁護士・政治家。トルーマン大統領政権下で国務長官を務める。冷戦初期のアメリカ外交政策を形づくったといわれる（米国務省ホームページ）

盟国による米軍主体の「多国籍軍」でした（そのため「朝鮮国連軍」ともよばれています）。

ですから日本が「吉田・アチソン交換公文」でアメリカに約束した「朝鮮戦争への支援」とは、実質的には「アメリカの戦争への支援」を意味していたのです。

この「吉田・アチソン交換公文」は旧安保条約や行政協定と同じく、一九五一年二月にダレスが第一次交渉で日本側に提案したもので、その後、他の条約についての日米交渉と並行して、作成作業がすすめられていました。

ダレスは、「吉田・アチソン交換公文」に「わずかの変更」が必要だと言って、日本が米軍の戦争を支援する範囲から、朝鮮半島という限定をなくすように求めました。

「会談覚書」と題する米国務省文書によると、一九五一年四月一八日の交渉でダレスは、吉田にこんなことを言っていました。

「戦争が広がるかもしれない。そうなったときにそなえて、吉田・アチソン交換公文にわずかな変更が必要になった[11]」

ダレスはこのような論法で、日本がアメリカの戦争を支援する範囲から「朝鮮」という地域的な限定を外すことを求め、日本側の了承を得ます。

朝鮮戦争。国連軍戦車の前にたたずむ韓国人の難民
(米海兵隊ホームページ)

このときダレスは吉田に「わずかの修正」といったのですが、ダレス・吉田会談が東京で行われた前日の一九五一年四月一七日には、バンデンバーグ空軍参謀総長が朝鮮戦争以外の「極東」への戦争拡大の可能性を認めるよう国防長官に要求していました。

第一章で紹介したように、統合参謀本部のブラッドレー議長は一九五〇年八月二二日に、日本の軍隊を世界戦争で使うことを要求していました。国内の防衛戦ではなく、世界戦争では、爆撃や空中戦など空軍が重要な役割を果たしますから、空軍参謀総長の勧告はアメリカ政府と軍部に大きな影響力をもっています。

バンデンバーグは国防長官あて機密の覚書で、提案されている対日平和条約が、朝鮮戦争が朝鮮半島以外の極東地域に拡大することを認めていないとのべ、日本の戦争支援の範囲を「極東地域」に拡大するよう要求したのでした。

こうして吉田・アチソン交換公文には、日本が戦争支援する対象は「極東における国際連合の行動に従事する軍隊」であると書かれ、その範囲が「極東」であることが明記されました。

これによって、米軍が日本に駐留する目的も、日本が米軍を支援する目的も、根本的に変更されてしまうことになったのです。

さらに一九五一年七月三〇日、旧安保条約の条文が変更され、米軍が日本に駐留する目的が「日本の安全」だけでなく、「極東における平和と安全」（旧安保条約第一条）のためとされ、その結果、米軍は日本の基地から、海外へ自由に出撃できることになりました。これが有名な「極東条項」の挿入です。

「吉田・アチソン交換公文」の協議で、日本が米軍を支援する対象が「朝鮮」から、より広い地域に広げられたことは、日本にとって重大な意味をもっていました。

それにともない、日米安保条約にもとづいて日本に駐留する米軍が出撃できる地域も、日本国内だけでなく、日本の「外」に広げられることになったからです。

日米間で交渉が進められていた安保条約の条文も、「吉田・アチソン交換公文」の変更にあわせて三カ月後に修正されることになります。

日米交渉で日本側の担当者だった西村熊雄条約局長は、一九五一年七月三〇日にうけとった旧安保条約の案文のなかに「実質的な修正が一つあった」と書いています。

「〔いくつかの修正のうち〕もっとも重要なのは、いわゆる「極東条項」の挿入である。その結果、それまでの案文では在日アメリカ軍隊は外部からの攻撃に対して、日本の安全に寄与するためにあるとされていて、在日アメリカ軍隊による日本防衛に疑問はなかった。ところが「極東における国際の平和と安全の維持」という一句が新たに加わり、しかも、末尾の文言が「……に寄与するために使用することができる」となったために、在日アメリカ軍隊による日本防衛の確実性が条約文面から消えてしまった」(『日本外交史　第27巻　サンフランシスコ平和条約』鹿島研究所出版会　一九七一年)

西村熊雄は、あるときは吉田首相の意をうけて、またあるときは岡崎国務大臣の右腕として、ラスク国務次官補やアール・ジョンソン陸軍次官補らとわたり合ってきました。

その西村にとっては、アメリカ政府や軍部が意図する本当の目的、つまりアメリカが「日本を守る」というのは建前であって、安保条約の本当のねらいは「極東」での戦争に日本を使うことだという現実がよく見えていたのでしょう。

西村は、実際に日米交渉をおこなっていた当時は、外務省条約局長として自由な発言はまったくできませんでしたが、後日、ぎりぎりの表現で自分の考えを明らかにしたものと

西村熊雄（1899-1980）日本の外交官。1947年、外務省条約局長。サンフランシスコ平和条約、日米安保条約締結の事務にあたる（共同通信社）

思われます。

その後も米軍は、ずっと極東条項によって海外の紛争地域に出撃しており、その指揮下で行動する日本の軍隊も、イラク戦争では海外に出ていって米軍の戦争を支援していました。さらに二〇一五年の安保法制成立後、アメリカの意図していた本来の目的が、まさにいま実現しようとしているのです。

極東条項のもつ危険性については、当時マスコミもきびしく批判していました。それでは日本が戦場になるではないかと、『朝日新聞』の社説（一九五二年二月一一日）で次のように書いていたのです。

「〔旧安保条約の条文では〕駐留軍は、たんに日本を防衛するのみでなく、極東の平和と安全の維持のため使用されるとなっており、その判断がアメリカのみによって決せられるとすれば、軍事基地としての日本は、その意思いかんにかかわらず、あるいは自動的に戦場となる可能性も出てくるだろう」

実際、米軍は旧安保条約のもとで、極東条項により、日本の基地から台湾海峡や南シナ海に頻繁に出撃しています。

一九五七年に起きた砂川事件の裁判でも、日本に駐留する米軍が極東条項を根拠として、在日米軍基地から海外に出撃していることが重要な争点になりました。

一九五九年三月三〇日の、東京地方裁判所の伊達判決のなかでも、

「自国と関係のない武力紛争に巻きこまれて、戦争の惨禍が日本におよぶ恐れがある」

ことが指摘されていました。しかし、それから現在まで、日本の米軍基地から海外の戦争への出撃は、変わらずつづいてきてしまったのです。

極東条項には、海外での戦争のために日本の基地や軍隊を使いたいという、米軍部の要求が反映していました。

以上、極東条項について、ご紹介しました。

というのは、これこそ安保条約が一九六〇年に改定されたあとも、新安保条約第六条に受けつがれ、日本が地球的規模で米軍の出撃拠点になっている、条約上の根拠だからです。

実際、米軍はベトナム戦争をはじめ、中東やアフガニスタンの戦争など、地球上の広大

な地域に日本の基地から出撃しています。

それだけではありません。すでに米軍と自衛隊の一体化が急速に進んでおり、これからは自衛隊が世界中に派兵される米軍とともに、海外の紛争地域に出て行って、そこで米軍に指揮され、戦争する危険が大きくなっているのです。

ダレスたち国務省側の人間はともかく、米軍部は当時からこのように、地球上の広大な地域でアメリカの戦争を、日本に支援させることを考えていたのです。

マッカーサーが解任され、リッジウェイが後任の連合国軍最高司令官になったことで、日米政府は指揮権密約の締結にむかって大きく進みはじめました。

マッカーサーの解任後、一九五一年の四月にダレスとアール・ジョンソンが東京に飛んできたところへ話をもどしましょう。マッカーサーが解任されたことによって、米軍司令官による指揮権の問題はどうなったでしょうか。

トルーマン大統領は、マッカーサーを解任すると同時に、リッジウェイ極東米陸軍司令官を連合国軍最高司令官に任命しました。**このリッジウェイこそが、日米両政府が指揮権密約を結ぶうえで、決定的な役割をはたす**

アール・D・ジョンソン（1905-1990）アメリカ合衆国の軍人。陸軍次官補、陸軍次官を歴任。日米行政協定交渉の国防総省代表（米陸軍省）

ことになったのです。

リッジウェイは空軍出身の生粋の軍人です。マッカーサーも陸軍元帥までのぼりつめた軍人でしたが、日本との関係ではリッジウェイとマッカーサーは、かなり色合いが違っていました。

その違いをアール・ジョンソンは「リッジウェイはマッカーサーのようにお高くとまっていない」と評しています。

たしかにマッカーサーは敗戦直後、焼け野原になった日本にきて、占領軍総司令官として絶対的権力者のようにふるまっていました。

一九四五年九月二九日の新聞に、直立不動で立っている昭和天皇の横で、腰に手をあててリラックスしているマッカーサーの写真がのりました。多くの日本人はこれを見て、時代が変わったことを感じとったものでした。

けれどもマッカーサーは、少なくとも占領当初は、ポツダム宣言にしたがい、日本を民主国家として再出発させることが自分の任務だと考えていました。それは一九四五年に治安維持法違反などの政治犯約三〇〇〇人を釈放したことや、財閥解体や農地改革など一連の民主的改革をすすめたことにもあらわれています。

これに対して、**リッジウェイが連合国軍最高司令官に就任した一九五一年四月の段階に**

マシュー・B・リッジウェイ（1895-1993）アメリカ合衆国の軍人。極東米陸軍司令官を経て、マッカーサーを継いで連合国軍最高司令官として日本の占領統治に当たった（米陸軍ホームページ）

なると、アメリカにとっては、日本をいかにして朝鮮戦争や対アジア戦略の前線基地にするかということが、もっとも重要な課題になっていたのです。

リッジウェイは一九五一年一一月一八日、ワシントンの陸軍省に機密のメッセージを送り、平和条約が発効するのに先だって行政協定が合意されるべきであるとし、そのために行政協定の草案はできるだけ早く、アメリカのすべての関係当局により承認されるべきであると要求しました。(12)

さらにこのなかでリッジウェイは、平和条約が発効するまでは、連合国軍最高司令官が日本国民に対して最終的な責任があるという事実にてらして、連合国軍最高司令官である自分が任命する者が、行政協定の交渉を管理するのがベストだと主張しました。

一九五一年九月八日の対日平和条約と旧安保条約の調印(注)をへて、翌五二年一月から日米行政協定の交渉が東京で始まりました。

一九五一年九月四日から始まった対日平和会議には、インド、ビルマ（現在はミャンマー）は参加を拒否し、ソ連、ポーランド、チェコスロバキアは調印しませんでした。なに

平和条約に調印する吉田茂主席全権

日米安全保障条約に調印した吉田茂首席全権。後ろは確認する米首席全権のアチソン国務長官（中）とダレス全権（左）（米国立公文書館）

よりも、日本軍に侵略された歴史をもち、平和条約を結ぶ主な相手であるはずの中国が招請されないという異常なものになりました。

米統合参謀本部はその三カ月後の一九五一年一二月一八日、国防長官に機密の覚書を送り、戦時には極東米軍司令官が日本国内のすべての軍隊を指揮するという見解を示し、

日米双方代表による日米行政協定調印後、握手を交わす右からラスク国務次官補、ジョンソン陸軍次官補、岡崎勝男国務相、シーボルト総司令部外交局長（朝日新聞社）

「統合軍（combined forces）」という概念こそが行政協定の根本をなすと主張しました。[13]

ちなみに統合軍とは、米軍と「日本軍」をひとつの軍隊とみなし、その全体を米軍司令官が指揮するという**「統一指揮権（unified command）」の存在を前提とした概念です。「統一指揮権」は日本政府の文書では、それを保持する主体としての「（日米）統合司令部」という表現をすることが多くなっています。**

こうした経過をへて、行政協定の日米交渉は、サンフランシスコ平和会議から約五カ月後の一九五二年一月二八日から東京でおこなわれ、一〇回の全体会議と、実質討議をおこなった一六回の非公式協議をへて、同年二月二八日に日本側の岡崎勝男国務大臣と、アメリカ側のディーン・ラスク国務次官補によって調印されました。

（注）**平和条約、旧安保条約の調印**　平和条約は一九五一年九月八日にサンフランシスコ市内のオペラハウスで、日本からは首席全権の吉田茂（首相）以下、池田勇人（蔵相）、苫米地義三（国民民主党）、一万田尚登（日銀総裁）、星島二郎（自由党）徳川宗敬（参議院緑風会）五人の全権団が出席し、日本とアメリカなど四八ヵ国が調印した。

旧安保条約は、同日、平和条約調印式の終了後、同市内の米第六軍司令部の下士官集会所で吉田首相一人が署名した。苫米地、徳川は調印式にも参加しなかった。

岡崎勝男（1897-1965）日本の政治家、外交官。元内閣官房長官・外務大臣。第二次世界大戦後、吉田茂の片腕として対米外交で重要な役割を担った（「フォト」時事画報社）

日米が統合司令部をつくり、米軍司令官が日本軍の指揮権をにぎることが、アメリカ側の当初からの目的でした。

アメリカ側交渉団の団長であるラスクは、日米交渉に先だつ一九五二年一月二一日に、米下院外交委員会の極東・太平洋小委員会の聴聞会で証言しています。

この証言のなかでラスクは、

「**米軍の司令官が日米のすべての軍隊の指揮をとるという前例のない権利を、この交渉によって確保する予定である**」

とのべました。この表現からすると、ラスクは日本との交渉に入る前から、すでに指揮権条項について、密約として結ぶことを想定していたのかもしれません。

この聴聞会の議事録は、国際問題研究家の新原昭治氏が発見したものです。重要な証言ですが、全文はかなり長いので、一部を要約して紹介します。

「**われわれは日米安保条約で、きわめて重要で前例のない権利を日本からあたえられている。その意味は、日本の安全に関しては、われわれの側にはなんら義務がなく、ただ権利だけがあたえられているということだ。**その意味でこの条約は、ダレスが言ったように片務的なものである」

「日本かアメリカか、いずれかが戦争に直面しているか、あるいは戦争が迫っていると考える状況では、アメリカが統合司令部を確立し、司令官を任命することが合意されるだろう[14]」

アメリカ政府は、日本との行政協定交渉が始まる一週間前の一九五二年一月二二日には、米軍司令官による日本軍に対する指揮権を、行政協定草案の第二二条として書きこんでいました。[15]

一方、外務省が一九八七年に公表した文書によると、西村条約局長は交

D・ディーン・ラスク（1909-1994）アメリカ合衆国の官僚・政治家。ケネディ及びジョンソン政権（1961-1969年）のもとで長期にわたって国務長官を務めた（米国務省ホームページ）

渉が始まった当初の一九五二年一月二九日には、

「〔戦時には〕アメリカ側の草案で想定されているような措置をとることは当然だが」

といいながら、

「日本の世論の反発が怖い。とくに憲法の点からみて、大きな不安がある」

と発言していました。

同月三一日のラスク・レポート(注)によれば、日本側はこの条項を明文化して協定に入れることは、きわめて大きな政治的困難をもたらし、とくに憲法上の問題があると発言しています。これに対してラスクとアール・ジョンソンは、「そうした心配はまったく当然だ」と同意しながらも、同時に、

「けれども、日本側のそうした困難は、われわれと基本的に合意できないということではなく、国内政治の分野の問題である」

とのべていました。

さらに翌二月一日になると、岡崎が、

「**実際問題として、自分と吉田首相は緊急に、あるいは現実に戦争が迫った場合には、アメリカの司令官と統合司令部が必要と思っているが**、次の選挙や憲法上の制約、さらに世論の敏感さからみると、政治的な不安をもたらす」

とのべています。

（注）**ラスク・レポート**　ラスクは行政協定交渉の内容について、そのつど報告書を作成し、ＧＨＱ経由でワシントンに送っていた。

国の主権や国民の安全がかかった重大な問題が、政権党の目先の利益のための取引材料にされました。

このように、米軍司令官の「日本軍」に対する指揮権を行政協定に書きこむというアメリカ側の提案に対して、日本側はその内容に反対したのではなく、それがもし国民に知られたら、憲法違反であるとして、政権与党の自由党が打撃をうけると主張したのでした。

実際、**岡崎らが交渉の席でのべたのは、「米国人が指揮官になることは不可避」としてその内容を受け入れながらも、政府や与党が大きな打撃を受けることが心配だという、もっぱら目先の打算や思惑についてだったのです。**

外務省が一九八七年に公表した行政協定交渉の記録からみると、岡崎が米軍司令官の指揮に難色を示した主な理由は、次のように三つにまとめることができます。

1	憲法違反	「統一司令部については、日本の法制上の問題もあって、それを行政協定に定めうるや否やの憲法上の問題があることも忘れてはならぬ」（第一一回非公式協議）
2	対米従属	「統一司令部を規定することによって、行政協定における日米の平等関係は消失する。総理としても、統一司令部を受諾することは至難と信ずる」（同右）
3	政府への打撃	「政府と与党が致命的打撃をうける」（第四回非公式会談） 「統一司令部や米人指揮官の規定を置くことによって、内閣と政府が弱体化することとは遺憾きわまることである」（第一二回非公式協議）

こうした日本側の表明をうけて、ラスクは二月五日の協議で、

「日本政府は原則に異存があるのではなくて、政治的に反対なのだということを確認してよいか」

と迫ります。これに対して岡崎は、

「**総理も行政協定の外でいかように協議することにも異存はない**が、二二条に入れることには反対である」

と答えました。

アメリカ側の行政協定案のように、第二二条で指揮権条項を明文化するのは困るが、その「外」で、つまり**国民の目にふれないよう、密約にするのであればどのようにでも対応**

するというわけです。

その一方、ラスク・レポートによると、岡崎は二月八日の交渉では、「緊急時には日米間で協議するといっても、実際には、司令官はただちに行動するのだから、協議は形式的なものではないか」

とのべています。

さらに岡崎は、

「〔行政協定案の〕第二二条は、安保条約第三条で説明できる合理的な範囲を超えている。安保条約は日本国内とその周辺に米軍を配備するものなのだから」

とものべています。[16]

岡崎がのべているとおり旧安保条約は、第一条でアメリカがその陸海空軍を「日本国内およびその付近に配備する権利」を認め、第三条では、「その配備を規律する条件は行政協定でさだめる」としています。

ところがアメリカ側の行政協定案第二二条では、日本への米軍の配備といった概念を完全に超えて、米軍が憲法上存在しないはずの「日本の軍隊」を指揮するというのですから、たしかにこれは安保条約で説明できる範囲を完全に超えています。

しかし岡崎はそう言って行政協定に書きこむことは拒否しながら、指揮権密約が重大なことはよくわかっていると、それを密約として受け入れる用意があることをラスクにアピールしていたのです。

日本側は「統合司令部の受け入れは自由党の終末に聞こえる」と言いながら、密約にすることでそれを了承しました。

アメリカ側の文書によると、岡崎は二月一六日、「統合司令部」の受け入れによる米軍司令官の指揮権を認めるよう要求されたとき、

「統合司令部を公に受け入れることはできない」

「〔それは〕自由党の終末に聞こえる」

「警察予備隊の隊員たちの意志をくじくものだ」[17]

とのべていました。

しかし、理由はわからないのですが、わずか二日後の二月一八日になるとなぜか岡崎は、「**緊急事態が現実に起これば、統合司令部がおかれ、米国人が指揮官になることは不可避**

である」

と、はっきり米軍司令官の指揮権について同意することを表明しました。

そのうえでさらに翌一九日には、日本側はアメリカ側の指揮権条項（第二二条）について、英文で書かれた極秘の修正案をアメリカ側に渡します。そこには、

「戦争または差し迫った戦争の危険が生じたときには、日本防衛に必要な措置としては、いずれの政府も、統合司令部を含む必要な方法を共同でとるのを妨げるとは確認されない」[18]

と書かれていました。

これに対してラスクは、二月二三日の協議で、

「憲法上の困難や内政上の難しさがあるのに、総理が米国政府の要望にこたえようと努力されたことは感謝にたえない」

とのべ、しかしこれ以上条文化することは求めないとして、

「米人指揮官のような問題は、交換公文や議事録などにもいっさい残さないことにする」[19]

とのべました。

こうして米軍司令官の「日本軍」に対する指揮権は、行政協定には明記されないまま、一九五二年二月二五日に第二二条に関する事実上の密約として合意されます。そして第二

公文の第一項にし具体の文字があるが、実質上の問題でない。（アンダーラインの部分）
第二十二条
米国政府は、日本側の陳述した事由、とくに政治的事由を了承とし、日本の現政府に困難な重荷を課すのはよろしくないと考えるに至った。だから、協定には、米原案にあったような、又、合意された案文にあったような具体的事項にふれることもなく、ブロードな原則規定のみをおくことで満足することにした。米国政府は、日本政府の要請にミートするため最大限度の努力をしたといって、別添のような案文を示した。そして、原案や合意案にあったような合同司令部とか米人司令官のような問題は、将来両政府においてとりあげるにしても、そういうことは、交換公文や議事録などにも一切残さないことにすると述べた。

外務省

「交換公文や議事録などにも一切残さないことにすると述べた。」と、ラスクの感謝の言葉が記された外務省記録文書（外務省第９回公開文書）

二条はその後、条項整理により、左のような行政協定第二四条となりました。

行政協定第二四条

日本区域において敵対行為または敵対行為の急迫した脅威が生じた場合には、日本国政府および合衆国政府は、日本区域の防衛のため必要な共同措置をとり、かつ安全保障条約第一条の目的を遂行するため直ちに協議しなければならない。

アメリカが日本の軍隊に対する指揮権を必要とするのは、「米軍の安全をまもるためだ」と米軍首脳たちは日米交渉の場で、本音を語っていました。日本政府はそのことをよく理解したうえで、行政協定に調印したのです。

アール・ジョンソン陸軍次官補は、フランク・ナッシュ国際安全保障担当・国防次官補に、事実上の密約が成立したことを知らせた手紙のなかで、

「**統合司令部の目的は米軍の安全を確保するためだ**」

と書いています。**そして実はそのことを日本政府も内心では認めているのだと、**行政協定交渉の最中からのべていたのです。

ラスクは一九五二年二月八日、岡崎が「外国の軍隊に指揮権を渡すのは法的に通用しない」と言ったとき、それに対して次のような内容をのべました。それを読むと米軍が日本の軍隊の指揮権を握るのは、あくまで米軍の安全のためであり、日本の防衛など、最初からまったく眼中になかったことがわかります。[20]

ラスク・レポートの要点
軍隊は、緊急時にどこにいようとも、自分自身の安全確保のために行動する。
緊急時の軍事行動は、提供された施設・区域〔基地など〕のなかにかぎらない。
米軍の安全確保は、通報や協議によって制限される問題ではない。
行政協定の第二二条〔現在の二四条〕は現実の状況を反映しているだけで、幻想をもっている日本の公衆は、現実とよく向きあうべきだ。
行政協定の制限は、戦争または差し迫った戦争の危険が生じたときには適用されない。
米軍は、戦争または差し迫った戦争の危険が生じたときは、みずからの戦術的および戦略的必要にもとづいて、みずからの安全のために行動する。

米軍司令官に日本の軍隊の指揮権をゆだねるのは、日本の安全のためではなく、米軍の安全のためだということは、実は岡崎国務大臣も認めていました。

さらにいえば、米軍司令官が日本の軍隊の指揮権を握るのは、米軍の安全を守るためだということは、実は岡崎国務大臣も認めていたことだったのです。

リッジウエイ極東米軍司令官は一九五二年二月八日、ワシントンの国務長官に極秘メッセージを送り、そのなかで次のようにのべていました。米軍の安全を守るのは、なにも米軍基地だけではない。日本の軍隊そのものに米軍を守らせるのだというのです。

「非公式の多くの話し合いのなかで岡崎は、日本政府は、緊急時に米軍がみずからの安全のために行動する必要があるということを認めると、アメリカ側にのべた。そうした場合には、米軍の行動は行政協定のもとで提供されている施設及び区域〔米軍基地など〕のなかだけにかぎられるべきではない。米軍司令官が日本国内で指揮権を行使し、日本の軍隊はその指揮下に入って軍事行動をおこなうべきなのだ〔21〕」

リッジウェイは、日本に駐留する米軍が基地を守るだけでなく、日本中どこでもみずからの安全を確保するために自由に行動するということを、岡崎担当大臣に認めさせたと国務長官に報告していたのです。

コリンズ陸軍参謀総長は、米軍司令官が日本国内のすべての軍隊を指揮することを要求し、安保条約第四条により、米軍司令官の指揮下に統合司令部が設置されるとのべていました。

コリンズ参謀総長は二月一一日、マーシャル国防長官に「米日行政協定案変更の提案」と題する機密覚書を提出し、日本国内の米軍の安全を確保するために、極東米軍司令官が日本国内のすべての軍隊を指揮することを要求しました。

米軍の首脳は、行政協定交渉の当初から、日本の軍隊の指揮権を握るのは、日本防衛のためではなく、米軍を守るためだということを文書で表明していたのです。

コリンズの国防長官あて覚書の関連部分の概要は、つぎのとおりです。

「行政協定第二二条〔現二四条〕は、現在の日本政府だけでなく、日米安保条約が有効なすべての期間にわたり、将来も適用される。戦争または差し迫った戦争の危険が生じたときには、極東米軍司令官が地方警察をのぞく、日本国内にあるすべての米軍と日本の部隊を指揮し、米軍の安全を保障する権利が特別に保障される」[22]

日本の工業力、経済力、政治力などをアメリカの軍事力として利用する。アメリカが日本の軍隊をみずからの指揮下におくことに固執したのは、日本の国力を自国の軍事力に利用するためでした。

アメリカは日本の軍隊を米軍司令官の指揮下におくことに、なぜこれほど執着したのでしょうか。その主張は六〇年以上たったいまもつづいており、そうした要求はますます強くなっています。

日米両政府が行政協定に合意してから五ヵ月ほどたった一九五二年七月二三日、米国家安全保障会議の研究チームは、「日本に関する行動の目的と方向」と題する文書を作成しました。

読んでみると、そこにはこんな記述がありました。日本には高い工業力や経済力、技術力がある。だからそれを、アメリカの軍事力のために利用すべきだというのです。

「日本は、その工業力、人力、政治力、文化的および国民的結合力、活力、決断力、国民の技術的および政治的能力、そして、世界の変化に対する柔軟性のゆえに、国際問題で重要な役割を発揮することができる。食料、原料、そして、極東地域の国家関係における戦後の基本的変化にもかかわらず、そうなのだ(23)」

アメリカの軍事外交問題に関する最高決定機関が書いたこの研究報告を読んで、私はアメリカが日本に再軍備をさせ、その指揮権を握ることで、いったい何を実現しようとしたかをようやく理解できた思いがしました。

米国立公文書館やルーズベルト図書館などが保管する政府文書を読むと、この国が第二次大戦中から日本について、いかによく調査し研究していたかということに驚かされます。そして**戦争が終わると間もなく、アメリカの政府や軍部は、その世界支配のために、日本の国力を最大限利用することを考えたのでした。**

そのために、さまざまな方法、政策、措置がとられました。なかでも日本の国家権力の根幹である軍隊の指揮権を握って、それをみずからの軍事力の一部として利用することが、もっともてっとり早い、しかも強力な方法だったことはまちがいありません。

一九五一年初頭にダレスが日本にきたときは、井口・アリソンという事務レベルでイニシアル署名した覚書により、指揮権に関するとりあえずの合意ができました。

それが一年後の行政協定交渉では、日米両政府の正式代表が調印した同協定第二四条に関する事実上の密約として、指揮権についての合意が成立したのでした。

そして最後に吉田首相とクラーク極東米軍司令官が、口頭での指揮権密約を結びました。

平和条約が発効し、占領が終わってから三ヵ月たった一九五二年七月二三日、極東米軍司令官のマーク・クラーク大将が自宅で、マーフィー駐日大使、吉田首相、岡崎外相と夕食をともにしたあと、有事のさいの指揮権について、口頭で密約を結びました。

この事実が書かれた、同二六日のクラーク司令官の統合参謀本部あて機密文書を発見したのは、現独協大学名誉教授の古関彰一（こせきしょういち）氏です。米国立公文書館で文書を発見し、『朝日ジャーナル』（一九八一年五月二二日号・二九日号）で次のように発表されました。


「私は七月二三日夕刻、吉田氏、岡崎氏、そして、マーフィー大使と自宅で夕食をともにしたあと会談した。私は、わが国政府が有事の際の軍隊の投入にあたり、司令関係に関して、日本政府との間に明確な了解が存在することが不可欠であると考えている理由を、ある程度詳細に示した。吉田氏は即座に有事の際に単一の司令官は不可欠であり、現状の下では、その司令官は合衆国によって任命されるべきである、ということに同意した」

古関氏はクラーク司令官の統合参謀本部あての報告書を引用して、次のように指摘しました。

「吉田にとってはなんとも面目のない密約であったろう。いざというときには自国の軍隊を他国に指揮してもらうことに同意したのであるから。しかし、これは〔吉田の密約外交の〕当然の帰結であったと言えるだろう」（同前）

マーク・W・クラーク（1896-1984）アメリカ合衆国の軍人。陸軍大将。朝鮮戦争の間、リッジウェイ大将の後任として、1952-53年国連軍（米韓連合司令部）司令官（米議会図書館）

国家の主権に関わる重大な取り決めを、「行政協定」というあたかも行政上の合意事項のようにしてあつかったことに対して、大きな批判が起こりました。その批判は現在もなお、つづいています。

行政協定は、米兵の犯罪を日本の裁判所が裁くことができないとした刑事裁判権の問題について、当初から厳しい批判を受けていました。

そのうえ、もし自国の軍隊の指揮権をアメリカにゆだねる約束をしたということがわかれば、それでは占領時代とまったく同じではないかと、国民から大きな反発が起きたことはまちがいありません。

当時は米軍に治外法権の特権を定めた行政協定の内容そのものに加え、そうした主権喪失のおそれのある協定が、国会審議もなく実施されたことに、とりわけ強い批判がむけられていました。

『朝日新聞』社説（一九五二年二月二七日）は次のように書いています。

「政府は、行政協定の〔国会での〕承認は求めないが、これに関する報告は国会でおこなうといっている。これではかつての翼賛議会となんら変わりはないではないか」

翼賛議会とは、戦前、政党が解散して、国会が戦争を賛美する議員で占められ、政府の行動に賛成するだけの御用機関になった状態をさしています。吉田内閣が本来は条約によって決めるべきアメリカとの関係を、「行政協定」というかたちで密室ですすめたことに対して、とりわけ厳しい批判の声がその後も識者や専門家からあがっています。

もっとも根本的な問題は、指揮権を外国軍にゆだねるという重大な憲法違反の約束を、国民の目から隠したまま、密約で実行したところにあります。

この問題は最近の安保法制のケースでも、憲法より下位にあるはずの法律に、憲法が禁止していることを書きこんで、与党が強行採決してしまうという現状と共通しています。

日本の憲法は三権分立(さんけんぶんりつ)といって、立法権をもつ国会、行政権をもつ政府、司法権をもつ裁判所のそれぞれが独立し、互いにけん制しあう仕組みになっています。それはいうまでもなく、民主主義を維持し、主権者である国民の意思が政治に反映されるための重要な仕組みです。

ところが日本では、日米安保条約が結ばれて米軍が駐留するなかで、憲法が定めるこの基本的な仕組みが機能しなくなっています。

旧安保条約の時代に、行政協定により指揮権密約が結ばれたことは、国民主権と民主主義を守る機能に大きな欠落が生まれたことを示しています。

そのため、行政協定が一九五二年四月二八日に平和条約、旧安保条約とともに発効し、実施されると、国民のあいだから批判がわき起こり、吉田茂首相は弁明におわれることになりました。

吉田は、一九五七年に出版した著書のなかで、

「〔行政協定〕第二四条の背後に、なにか秘密の取りきめでもあるかの如くいうのは、まったく根も葉もない憶測にすぎないのである」（吉田茂『回想十年』第三巻　新潮社　一九五七年）

と懸命に否定していました。

ところがその一方、密約を結んだ当事者である岡崎勝男（平和条約と安保条約の発効直後、担当国務大臣から外務大臣に「出世」していました）はその前年、雑誌『文藝春秋』（一九五六年九月号）の誌上で、「日本自体が侵略されてしまったら、元も子もなくなる」とのべ、指揮権密約の存在を事実上認めたうえで、開き直っていたのです。

「指揮権密約」関連年表　1951～1952年

1951年1月1日	マッカーサー年頭声明、平和条約と集団安保を強調
10日	トルーマン、ダレスを平和条約交渉の米代表に任命
25日	ダレス来日「第一次交渉」
2月2日	ダレス、米軍司令官が日本武装軍を指揮する「安保協力協定案」提示
6日	米側、「平和条約」「日米協定」「行政協定」案を提示
7日	ダレス・吉田会談（第3回）
9日	井口外務次官とアリソン副国務次官補が五つの覚書にイニシアル署名
10日	アール・ジョンソン陸軍次官補、五つの覚書を持って帰国
4月10日	トルーマン、マッカーサー連合国軍最高司令官を解任、後任にリッジウェイ
18日	ダレス来日、吉田と会談「第二次交渉」
7月10日	朝鮮戦争の休戦会談始まる（～8月23日）
11日	ダレス、日米安保条約と平和条約の同時締結の意志表明
30日	米政府が「極東条項」を含む安保協定案を提示
9月4日	サンフランシスコ平和会議開催（52ヵ国）
8日	対日平和条約に48カ国調印。吉田首相が安保条約、吉田・アチソン交換公文に調印
10月10日	アメリカで相互安全保障法（MSA）成立

25日	朝鮮休戦会談、板門店で再開
1952年1月28日	行政協定交渉始まる
2月8日	ラスク・レポート14号「日本軍指揮は米軍の安全のため」
28日	岡崎国務相とラスク国務次官補が行政協定に調印
4月26日	海上保安庁に海上警備隊発足
28日	対日平和条約、日米安保条約発効
5月7日	日米行政協定にともなう刑事特別法公布
7月23日	吉田首相、クラーク極東米軍司令官と指揮権密約に口頭合意
10月15日	警察予備隊を改組、保安隊発足
11月4日	アイゼンハワー、大統領選に勝利
11月12日	日米艦艇（軍艦）貸与協定調印

第3章
安保改定でどう変わったか
1953年〜1960年

日米安保条約は1960年に改定されました。

その後、指揮権密約は、現在までつづく新安保条約にどのように組みこまれ、生かされてきたのでしょう。

その歴史をたどります。

1960年1月16日、新安保条約調印全権団がワシントンに向けて出発。日航特別機から帽子を振る（左から）岸信介首相、藤山愛一郎外相、石井光次郎自民党総務会長（共同通信社）

アメリカ政府は、日本に指揮権密約を実行させるための仕掛けを考えだしました。

第一章では、占領下でアメリカの軍部や国務省の幹部たちが、どのようにして日本に再軍備をさせ、それを自分たちのために使おうとしたかについて、歴史をたどりました。

第二章では、朝鮮戦争の勃発後、ラスク国務次官補と岡崎国務大臣が行政協定交渉のなかで指揮権密約に事実上合意し、その後、吉田首相とクラーク極東米軍司令官が口頭で指揮権密約を結んだことを見ました。

けれどもアメリカにとってもっとも重要なのは、その密約を日本政府にどうやって実行させるかです。

もちろん密約であっても、日米の高官どうしが合意した取り決めである以上、日本政府にはそれを実行する義務があります。とはいえ、密約は国会で承認されたものでも、日本国民の同意を得たものでもないわけですから、その基盤は非常に脆弱(ぜいじゃく)です。

そこでアメリカの当局者が頭をひねって考えたのは、指揮権密約を実際に、どのようにして日本政府に実行させるかという政治的な仕掛けでした。そのために利用されたのが、極東米軍司令部が日本政府と直接、定期的に協議するための秘密の機関、日米合同委員会だったのです。

アール・ジョンソン陸軍次官補は、指揮権密約を実行するためには、政府と政府が協議するのではなく、極東米軍司令部が日本政府と直接、連絡をとりあうことが必要だと考えていました。

アール・ジョンソン陸軍次官補は、東京での行政協定交渉を終えて、一九五二年三月四日にワシントンに帰ると、さっそく国防長官に極秘の覚書を送りました。

そのなかで彼は、**指揮権密約を日本政府に実行させるにあたっては、日米合同委員会で、米軍の代表と直接協議したうえで実行するかたちが望ましい**と強調しています。アール・ジョンソンは、この問題は極東米軍司令部にまかせるべきであり、政治家にまかせてはいけないと考えていたのです。

「日本政府は、アメリカと満足できる合意に達しない場合は政治ルートを使おうとする傾向を強くもっているが、それは極東米軍司令部によるコントロールを弱めるもの

APPENDIX "B"

4 March 1952

MEMORANDUM FOR THE SECRETARY OF DEFENSE

Subject: United States/Japanese Administrative Agreement

1. The Rusk Mission for the conclusion of the Administrative Agreement with Japan under the provisions of Article III of the Security Treaty between the United States and Japan, on which I acted as your representative, completed its mission 28 February 1952.

2. In order that a complete record of the negotiations may be readily accessible, I have supplied Mr. Frank Nash, your Assistant for International Security Affairs, with the documents* set forth on the appended list.**

7. It should be noted that the Joint Committee, provided for in Article XXVI will have substantial responsibilities. Its functioning and support are extremely important. Unless it is able to arrive at prompt and satisfactory decisions, there will be a strong tendency on the part of the Japanese to use political channels of communication with the United States, which will tend to weaken CINCFE's control of military matters. This important point has been discussed with CINCFE. It indicates the necessity for an early approval of the paper on the relationships of CINCFE vis-a-vis the U.S. Ambassador.

9. There may be particular points of interest you will want to discuss in person. Also, I believe it would be of value if, with your approval, I had an opportunity to brief the Joint Chiefs of Staff on this subject at an early date.

/s/ EARL D. JOHNSON
Assistant Secretary of the Army

JCS 2180/65 - 591 - Appendix "B"

アール・ジョンソン陸軍次官補の1952年3月4日付マーシャル国防長官あて機密覚書。日米合同委員会が指揮権密約実行の実質的責任を負うと進言した(統合参謀本部ファイル)

だ。**重要なのは、日本政府が極東米軍司令部と直接協議することだ**」[1]

アール・ジョンソンは、マーシャル国防長官にあてたこの極秘の覚書のなかで、指揮権密約の実行は日米合同委員会でおこなえばいいと、次のように進言しました。

「〔行政協定第二四条は〕政治的理由により統合司令部についていっさい言及していないが、極東米軍司令官はこの取りくみに完全に賛成しており、**その実行については協定第二六条に書かれた〔日米〕合同委員会が実質的に責任を負うことになる**」[2]

日米合同委員会は、在日米軍が必要とすることを、日本政府に実行させるための密室の協議機関です。

このアール・ジョンソンが、指揮権密約を実行する機関として国防長官に進言した日米合同委員会とは、いったいどのような組織でしょうか。

本シリーズ（「戦後再発見」双書）第五巻目の、吉田敏浩氏による『日米合同委員会の研究』には、この秘密の協議機関の実態がくわしく書かれています。

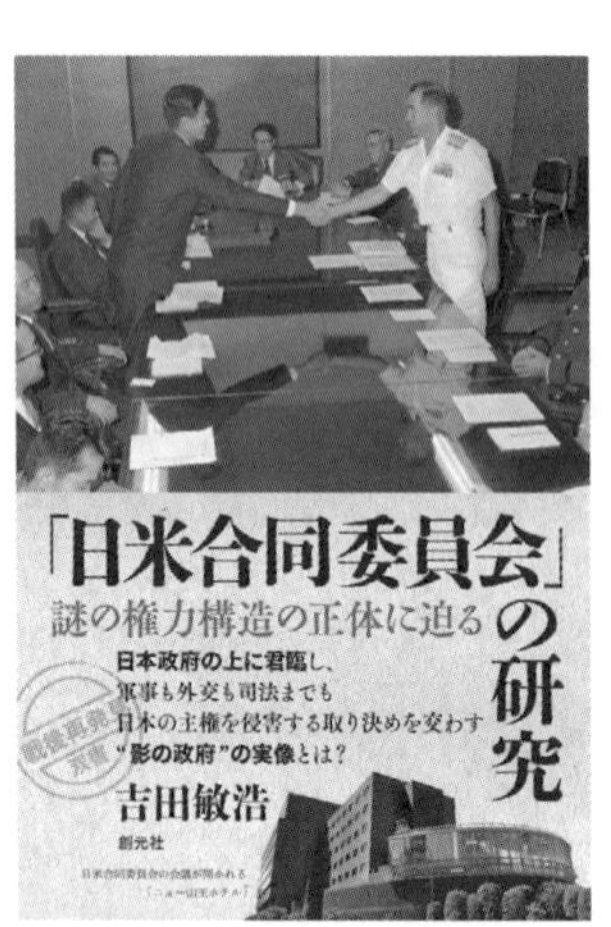

『「日米合同委員会」の研究』

吉田氏が指摘しているように、日米合同委員会の代表は、日本側が外務省北米局長であり、代表代理もすべて各省庁の官僚であるのに対して、アメリカ側は代表（在日米軍参謀長）をはじめ、ほとんどすべてが軍人です（アメリカ大使館の公使ひとりだけが文官）。

そのため、アメリカ側はつねに軍事的観点から同委員会の協議にのぞみ、軍事的必要性にもとづく要求を出してきます。この日米合同委員会における協議は、メンバー以外は入れない密室でおこなわれ、その内容を外部に公表する義務はないとされています。

日米合同委員会のくわしい情報については、吉田氏の本を読んでいただくとして、ここでは指揮権密約を実行する仕掛けという点からこの委員会についてご説明します。

日米合同委員会についての規定は、行政協定では第二六条に書かれていましたが、現在の地位協定では第二五条に書かれています。その条文を読むと日米合同委員会は、「この協定〔日米地位協定〕の実施に関して協議を必要とする、すべての事項に関する日米両政府間の協議機関」
となっています。

米軍が必要とすることは、この秘密の協議機関で決めたのち、日本政府に実行させることができます。

日米合同委員会で合意したことは、日本の国会の承認を得なくても実行できるということが、安保改定交渉のなかで、一九五九年四月三〇日に日米間で合意されました。(3)国会の承認がなくてもよいということは、日米合同委員会は日本国民からのコントロールをいっさい受けずに、密室で合意したことをなんでも実行できるということです。**つまり同委員会は、事実上、日本の国会の上位に位置する存在となっているのです。**

日米合同委員会とは、そうした徹底した「米軍のための密室の協議機関」であり、アメリカの国務省もその決定に関与することはほとんどできないというのが現実です。

日本政府も、日米合同委員会で決定された重要な問題についてはほとんど公表せず、国会で質問されても「アメリカ側の同意がなければ公表できないことになっています」と言うだけで、なにも答えません。

ですからこの日米合同委員会は、指揮権密約を実行するためには、まさにもってこいの「仕掛け」なのです。

平和条約が発効したあともしばらくは、米軍が警察予備隊を指揮していました。

もともと日米合同委員会は、一九五二年四月二八日に占領が終わるのに先だって設置された、「予備作業班」が衣替え（ころもがえ）してできたものです。それは占領が終わったあとも、引きつづき基地などを米軍に提供するための準備機関だったのですが、アメリカ側のメンバーは、日本の占領統治にあたっていた米軍の軍人がそのまま横滑りで移行していました。

米陸軍省はこのあと、上部機関である統合参謀本部に機密の覚書を出し、日本占領が終わったあとも最初の二年間は、とりあえず極東米軍司令官が駐留米軍とともに警察予備隊を指揮することを提案しました。

これは指揮権密約を、日米合同委員会を通じて実行させるには少し時間がかかりそうなので、とりあえず在日米軍としては、占領下と同じように直接、警察予備隊を指揮したいと統合参謀本部に申し入れたものと思われます。

一方、ワシントンでは、アール・ジョンソンが指揮権密約を日米合同委員会で実行することを提案したあと、まもなくフォスター国防長官代理からアール・ジョンソンに書簡が届きました。

その書簡は一九五二年三月二九日付で、

「行政協定を首尾よく結んだことは、太平洋地域の安全保障協定を発展させる、もっとも重要なステップのひとつだ」

とのべ、その前月、アメリカの行政協定交渉団が日本政府と無事に行政協定に調印したことを称賛していました。

「アメリカの利益を守るためには、それにふさわしい協定が必要である。しかし、そのためにデリケートな日本の政治状況を混乱させないようにすることが必要だった。しかしアメリカの行政協定交渉団は、なみはずれた交渉力と忍耐力でその交渉を成功させた(4)」

アメリカの利益と日本政府の難しい政治的立場をわきまえたうえで、アメリカの目的を見事に達成した。しかも、日本政府を政治的な危機におとしいれることもなかったとフォスターは絶賛していたのです。

トルーマン大統領は一九五二年四月二三日に、占領が終わっても、極東米軍司令官が日本政府と直接、連絡をとりあうことを命じました。

一九五二年四月二八日の占領終結の直前に起きた、こうした陸軍省や国防長官代理の動きには、重要な背景がありました。

トルーマン大統領が四月二三日の覚書で、指揮権の問題をふくむ占領終結後の日米間の軍事的な問題については、すべて極東米軍司令官が権限をもてと命じていたのです。

「極東米軍司令官は、つぎの点に関して、日本政府の関係代表とともに直接執行し、取り決める権限をあたえられる。

アメリカと日本が合意した取り決めを実行するうえでのすべての軍事問題、それは司令部配下の部隊、日本の防衛部隊の安全に影響する諸問題を含み、また**日本軍の指**

揮と配置、統合戦略計画を含む」[5]

国務省の北東アジア局長も、日米合同委員会で指揮権密約を実行することを提案していました。

指揮権密約を実行するためには、米軍と日本政府の代表が直接協議する必要があるということは、国務省もよくわかっていました。

国務省で日本を管轄下におくケネス・ヤング北東アジア局長は、一九五二年六月一六日、日米統合司令部にかんする機密の覚書をアリソン極東担当国務次官補に送り、極東米軍司令部が日本政府と直接協議する体制を提案しました。

この時点で、すでに平和条約の発効によって日本占領は終わっていたわけですから、日本とアメリカの関係は、たがいに独立した国と国との関係であり、日本においてアメリカ政府を代表するのは駐日大使であるはずです。

ところが、その**駐日大使の上部機関である国務省の北東アジア局長が、日本政府と直接協議するのは極東米軍司令部であるべきだと、上司の極東**

ケネス・T・ヤング（1916-1972）アメリカ合衆国の外交官。国務省北東アジア局長、フィリピンおよび東南アジア局長などを歴任（米国務省ホームページ）

担当国務次官補に提案していたのです。(6)

さらにヤングは、アリソンにあてたこの機密の覚書のなかで、指揮権密約を実行するために、まず早急におこなうべき措置として、

① 米軍と日本の軍隊の統合計画をつくる。
② 緊急時には日本の軍隊が米軍の指揮下に入る計画をつくっておく。
③ 日米の軍隊の違いをなくす。

の三つをあげ、さらに日本に戦争の危険があるときの対応として、次のような提案をしました。

ⓐ すべての米軍と、軍事能力をもつ日本の組織は、米軍司令官の統一指揮権（unified command）のもとに置かれる。
ⓑ 日米統合軍の最高司令官は、アメリカ政府が日本政府と協議して任命する。
ⓒ 最高司令官は、統合軍を戦略的および戦術的に配備するために、日本国内で必要と

思われる区域・施設、補給施設などを使用する権限をもつ。

対日外交の責任者である国務省の担当局長が、このように指揮権密約を実行するための方策を実際に立てていたのです。

平和条約が発効して占領が終われば、日本は独立国として、アメリカとも正常な外交関係に入るはずでした。東京とワシントンにそれぞれ大使館がおかれ、両国間の外交や軍事をふくめたすべての交渉は、大使をはじめ外交官など、政府を代表する人たちによっておこなわれる。日米両国間に横たわるさまざまな問題も、すべてノーマルな外交関係を通じて処理されるはずでした。

ところが、占領が終わる直前にトルーマン大統領は、平和条約が発効したあとも、極東米軍司令官が日本政府と直接、協議をせよと命令したのです。

さらにトルーマン大統領は、極東米軍司令官が日米合同委員会のアメリカ側メンバーを決定せよと命じました。

トルーマン大統領の命令は、極東米軍司令官の権限について、さらにすごいことを書いていました。

日米合同委員会のアメリカ側メンバーは、なんとすべて極東米軍司令官が任命せよというのです。

「極東米軍司令官は、行政協定第二六条に規定されている〔日米〕合同委員会に参加するアメリカ側の代表とスタッフを任命し、協議の実行をふくめて、（略）合同委員会で議論された内容をアメリカ政府に絶えず知らせること」

極東米軍司令官はアメリカ大使館を通さず、日米合同委員会を通じて、日本政府と直接、協議することができる。そしてそこで合意したことを実行し、本国政府に報告する。

これなら日本の安全保障をめぐる問題が、アメリカの軍部の思いどおりになってしまうのは当然です。日本国民がチェックできる政府間の交渉など、まったく介在させずに方針を決定し、それを次々に実行していくことができるのですから。

こんなことは、正常な国と国の関係では、絶対にありえないことです。

前出のヤング北東アジア局長はさらに、アリソン国務次官補に提出した機密の覚書のなかで、日本側はアメリカによる軍事的な支配については、もちろん弱めたいと思っているのだが、その一方で重要な問題については、この日米合同委員会で協議してきたとのべています。

「〔行政協定の〕第二六条に書かれている〔日米〕合同委員会は、実質的に大きな責務を負っている。その機能はきわめて重要で頼りがいがある。日本側の満足できる結論がでないときは、極東米軍司令部の軍事的支配を弱めたいという傾向が日本側に強くはたらくが、彼らは重要な問題については、極東米軍司令部とよく議論してきた」(7)

極東米軍は一九五七年七月一日に米太平洋軍に統合され、その機能も米太平洋軍に吸収されました。

それにともない、米軍が日本から出撃する範囲も、アジア・太平洋地域から、インド洋を超える地域へとさらに拡大されることになりました。しかしそうした大きな変化のなかでも、日本政府と米軍の従属的な関係は、変わらず継続したのです。

アメリカの軍事顧問団によって、自衛隊の装備や訓練、指揮系統などを、平時から掌握する仕組みがつくられていきました。

日米MSA協定調印。1954年3月8日、調印を終えて握手を交わす岡崎勝男外相（左）とアリソン駐日大使（共同通信社）

こうして指揮権密約を実行するために、日米合同委員会を利用することが提案され、アメリカ大使館ではなく、米軍の司令部が日本政府と直接連絡をとりあう体制が、大統領の命令によってつくられていくことになりました。

しかし、そのなかでもっとも重要なのは、米軍が日本の軍隊を実際に指揮できる体制をつくることです。ただし、日本には軍隊をもたない、交戦権を認めないと定めた憲法九条があり、多くの国民がそれを支持しています。

ではどうすればいいのか。

アメリカが考えだしたのは、日本とのあいだに新

しい軍事上の協定を結ぶことでした。それが「相互防衛援助協定」（ＭＳＡ協定）です。

占領下に警察予備隊として始まった日本の「軍隊」は、占領が終わった一九五二年の一〇月には、海上警備隊を統合した「保安隊」に衣替え（ころもがえ）し、さらに二年後の一九五四年七月一日には「自衛隊」としてスタートします。

それにさきだってアメリカでは、一九五一年一〇月に、相互安全保障法（ＭＳＡ）が成立しました。アジアを中心とした各国に、兵器の提供などの軍事援助をあたえ、かわりに各国自身による軍備の増強を義務づけた法律です。

この相互安全保障法（ＭＳＡ）にもとづいて、日本は一九五四年三月八日、アメリカとの「相互防衛援助協定」（ＭＳＡ協定）に調印したのです。

その後の歴史をふりかえってみると、この協定は自衛隊の発展にとって、きわめて大きな意味をもっていました。

一九五三年一〇月、吉田首相の特使として訪米した池田勇人（はやと）自由党政調会長は、ロバートソン国務次官補と会談して、日本はアメリ

㊤池田勇人（1899-1965）日本の官僚、政治家。大蔵大臣、通商産業大臣、自由党政調会長・幹事長、内閣総理大臣などを歴任（オランダ国立公文書館）

㊦ウォルター・S・ロバートソン（1893-1970）アメリカ合衆国の実業家、外交官。アイゼンハワー政権の極東担当国務次官補を務める（朝日新聞社）

力から軍事援助をうけるかわりに、日本自身による軍備増強計画を本格的にすすめることを約束しました。これが有名な「池田・ロバートソン会談」です。

このMSA協定のもとでアメリカは、軍事顧問団を日本に常駐させ、自衛隊の装備や訓練の状況を監視するとともに、さまざまな指示をあたえていきました。

その一方、肝心の軍事援助は最初こそ無償でしたが、一九六三年一二月に無償の援助から有償援助に変更されました。

米陸軍司令部は、軍事顧問団の団長が統合軍司令官となって、日本の軍隊を指揮せよと指示していました。

他国の軍隊を戦争で指揮するうえで重要なのは、平時からその装備や訓練、指揮系統などを掌握しておくことです。

MSA協定第七条によって東京に、常設の在日アメリカ軍事援助顧問団（Mutual Assistant Advisory Group-Japan）が設けられることになりました。略称は「MAAG－J（マグ・ジェイ）」です。

日本に派遣された軍事顧問団は、陸海空の三軍の顧問ら四〇人で構成され、アメリカの

戦争に役立つ自衛隊をつくるために、「助言」という形をとりながら、装備計画や訓練計画、防衛政策など、あらゆる問題について指示をあたえていきました。

陸軍省は一九五四年一一月、極東米軍司令部に機密のメッセージを送り、陸軍参謀本部の見解として、在日軍事顧問団は、統一指揮権をもつ統合司令官がその任務を実行するために必要と考える措置をとるとしました。[8]

アメリカは、日本以外のアジアの国々にも、フィリピンでは「MAAG−P（マグ・ピー）」、インドネシアでは「MAAG−I（マグ・アイ）」といったように、軍事的な援助をする国ごとに軍事顧問団をおいていきましたが、そのなかでも日本には特別な役割があたえられていました。

米陸軍司令部は一九五四年一一月の指示で、

「日本の軍事顧問団の団長は、あたえられた任務を実行するために必要な措置として、可能なかぎり、**統合司令官**となることを許可される」

とのべていました。

もちろん極東米軍司令官と緊密に連携してのことですが、軍事援助や経済援助をする以上は、軍事顧問団の団長に統合司令官と同じ役割があたえられるというのです。

「日本の軍隊を米軍基地と一体化させることが、アメリカの最高の利益である」と、駐日アメリカ大使館は国務省に進言しました。

一九五五年六月一五日、駐日アメリカ大使館のモルガン代理大使は、マクラーキン極東担当国務次官補に提出した極秘の報告書のなかで、次のようにのべていました。

「アメリカの最高の利益は、日本の防衛力を増強し、その軍隊と在日米軍基地を集団安全保障の枠組みのもとに統合することにある」(9)

日本の軍事力は、前年の相互防衛援助協定（MSA協定）の調印をへて急速に増強されており、横須賀や佐世保などの米軍基地からは、南シナ海や台湾海峡に米艦隊が出動していました。そうした米軍の戦力に、日本の軍事力を一体化させることがアメリカの最高の利益になると、モルガン代理大使は指摘したのです。

その二カ月後の一九五五年八月には、鳩山内閣の重光葵（しげみつまもる）外相がワシン

重光葵（1887-1957）日本の外交官、政治家。第二次大戦敗戦時に外相となる。日本政府代表として、降伏文書に調印した。のち改進党総裁（「レビューニーズ」ホームページ）

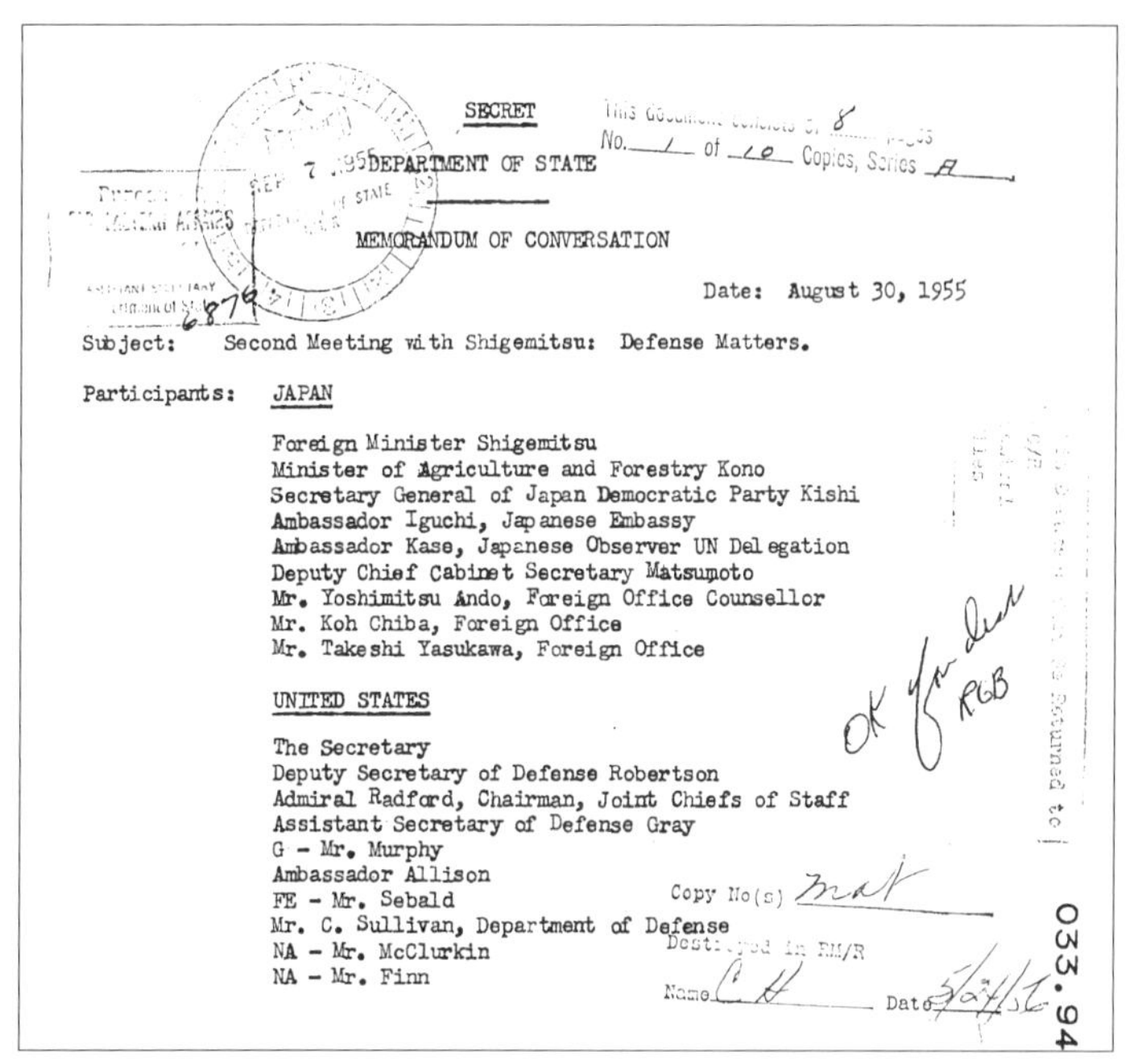
SECRET

DEPARTMENT OF STATE

This document consists of 8 pages
No. 1 of 10 Copies, Series A

MEMORANDUM OF CONVERSATION

Date: August 30, 1955

Subject: Second Meeting with Shigemitsu: Defense Matters.

Participants: JAPAN

Foreign Minister Shigemitsu
Minister of Agriculture and Forestry Kono
Secretary General of Japan Democratic Party Kishi
Ambassador Iguchi, Japanese Embassy
Ambassador Kase, Japanese Observer UN Delegation
Deputy Chief Cabinet Secretary Matsumoto
Mr. Yoshimitsu Ando, Foreign Office Counsellor
Mr. Koh Chiba, Foreign Office
Mr. Takeshi Yasukawa, Foreign Office

UNITED STATES

The Secretary
Deputy Secretary of Defense Robertson
Admiral Radford, Chairman, Joint Chiefs of Staff
Assistant Secretary of Defense Gray
G - Mr. Murphy
Ambassador Allison
FE - Mr. Sebald
Mr. C. Sullivan, Department of Defense
NA - Mr. McClurkin
NA - Mr. Finn

OK for dist RGB

Copy No(s)
Destroyed in RM/R
Name　Date

033.94

安保条約改定をめぐる会談の覚書。出席者として日本側は重光以下、河野、岸、井口など、アメリカ側は国務長官以下、ロバートソン、アリソンなどの名前が読める

トンを訪れ、旧安保条約の改定をめぐってダレスと会談しました。

日本側の出席者は、重光のほか、河野一郎農相、岸信介民主党幹事長、井口貞夫駐米大使、千葉皓外務省北米局長ら。アメリカ側の出席者は、ダレスのほか、ロバートソン副国防長官、ラドフォード統合参謀本部議長、グレイ国防次官補、アリソン駐日大使らです。

日本側は外務省の役人が多いのに対して、アメリカ側は統合参謀本部議長をは

じめ、軍事関係者がめだちます。占領下で指揮権密約にかかわったマーフィー（この時は政治担当副国務次官補）やシーボルト（極東担当副国務次官補）、アリソン（駐日大使）の名前もあります。

このときダレスと重光のあいだでは、緊迫したやりとりがくり広げられることになりました。

ダレスは、日本が自衛隊を海外に派兵して戦争ができるようになるためには、まず憲法を変える必要があると考えていました。そのため、重光外相が自衛隊の海外派兵についてアメリカ側に提案しても、つれない返事をするだけでした。

この会談のなかで、旧安保条約をアメリカとフィリピンのような両国が互いに防衛をうたう相互防衛条約に改定したいと主張する重光に対し、ダレスは、

「もしもグアムが攻撃されたら、日本はアメリカを防衛するために海外派兵することができるのか」

と重光に質問しています。日本との軍事的関係について、アメリカのもっとも大きな関心がそこにあったことがわかります。

ダレス　もしグアムが攻撃されたら、日本はアメリカを防衛するため海外に派兵できるか。

重　光　そうした状況になれば、まずアメリカと相談して、自衛隊を使うかどうかを決める。

ダレス　日本が適切な軍事力と、十分な法的枠組みをもち、憲法を改正すれば、状況は変わってくる。

重　光　日本はそれができる。そして、いまのシステムのもとでも自衛のための軍隊を組織できる。

ダレス　**日本の自衛ではない。問題はアメリカの防衛ができるかだ。**

重　光　そういう状況になれば、まずアメリカと相談する。そして自衛隊を使うかどうかを決める。

ダレス　日本の憲法についての外務大臣の説明は、どうもはっきりしない。日本が約束できるのは、日本の防衛にその軍隊を使うことまでだと思っていたのだが。

重　光　日本軍の使用は自衛のためでなくてはならないが、〔旧安保〕条約の関係で攻撃があった場合は、軍隊の使用を協議できる。

ダレス　**憲法で海外派兵できないのなら、協議しても意味がない。**

重　光　日本の〔憲法〕解釈には、自衛のための軍隊の使用とともに、軍隊を海外に送るかどうかということも入ってくる。日本は米比〔相互防衛〕条約のような条約を望んでいる。それができれば、現憲法の下でも協議できる。

ダレス　それができると日本が考えていたとは知らなかった。[10]

重光が、アメリカが攻撃されたときには「まずアメリカと相談して、自衛隊を使うかどうかを決める」と言ったので、ダレスはアメリカの防衛のために日本は憲法を変えて海外派兵できるのか、と重光に問い返したのでした。

というのは、いくら指揮権密約を結んでいても、自衛隊が海外に出て武力を使えなければ、アメリカ側にとってはほとんどメリットがないからです。

ダレスと重光のこの緊迫した議論は、そのあと岸信介が引きとって、条約改定の時期が熟していることについてアメリカが議論していることを知り、勇気づけられたとのべています。

重光とダレスは共同声明で、自衛隊の海外派兵の可能性を示して日本国民に衝撃をあたえました。戦後、ダレスによってつくられたアジアの軍事同盟国からは、ベトナム戦争に軍隊が送られ、多くの犠牲者がでました。ダレスは日本にも、そうした「貢献」をさせたいと考えていたのです。

重光とダレスは、このような議論をへて、一九五五年八月三一日に発表した共同声明で、「日本が西太平洋地域における国際平和と安全の維持に寄与することができるよう諸条件を確立する」

とのべました。

この共同声明について、ジャーナリストで国際政治学者の山本進氏は、「日本の海外派兵の可能性をはっきり示唆したものとして、国内に鋭い衝撃をあたえた」と書いています。(山本進『東京・ワシントン』岩波書店　一九六一年)

アメリカはその後、東南アジア条約機構（SEATO）の加盟国であるタイや、相互防衛条約を結んだフィリピンや韓国などの軍隊を、ベトナム戦争に動員しました。

ベトナム戦争ではアメリカ兵が五万人戦死する一方、韓国からものべ三一万人が派兵され、戦死者は四九六八人にのぼりました。[11] ダレスは、日本をそうしたアジアの国々と同じような、海外派兵のできる同盟国にしたいと考えていたのです。

一九五一年に結ばれた旧安保条約は、「日本防衛」のために米軍が日本に駐留することを定めていましたが、現在の新安保条約の第五条[注]のように、日本がアメリカと共同で軍事行動をおこなう義務は書かれていませんでした。

そのため日本がアメリカの正規の同盟国になり、米軍の指揮のもとで戦争するためには、安保条約を改定する必要がありました。その課題にとりくんだのが、一九五七年に首相となった岸信介だったのです。

（注）**新安保条約第五条**　各締約国は、日本国の施政の下にある領域における、いずれか一方に対する武力攻撃が、自国の平和及び安全を危うくするものであることを認め、自国の憲法上の規定及び手続きに従って共通の危険に対処するように行動することを宣言する。（以下省略）

一九五七年二月に岸政権がスタートし、同じ日にマッカーサー大使が日本に着任しました。岸内閣のもとで日米両国政府は、安保改定にむけて動きだしていきます。

一九五七年二月二五日、岸信介が政権の座についたまさにその当日、マッカーサー駐日大使が東京に着任しました。彼は、連合国軍最高司令官だったダグラス・マッカーサーの甥にあたり、マッカーサー二世とよばれることもあります。

当時、日本国民のあいだには、行政協定を根拠とする日本の屈辱的な状況に対し、激しい怒りと不満が広がっていました。

米軍は日本各地で、軍用機のジェット化に対応するための基地の拡張を求め、農地の収用を日本政府に要求していました。一方、農民たちは、労働者や学生の支援をうけながら農地のとりあげに抵抗し、各地で攻防がつづいていました。

加えて、くり返される米兵の凶悪犯罪や、その犯人を裁くことのできない理不尽な現状にも、国民の怒りが高まっていました。

一九五七年一月三〇日に、群馬県の相馬ヶ原演習場で起きた「ジラード事件」は、その象徴的な事件でした。米陸軍のジラード三等兵が、空薬莢（からやっきょう）を拾いに演習場に入っていた（米軍は立ち入りを認めていました）農婦を、

「ママさん、ダイジョウブ、ブラス（薬莢）、タクサンネ」

と言っておびき寄せたうえ、突然、

「ゲラル・ヒア（出ていけ）」

と叫んで発砲し、殺害した事件です。

そうした怒りがうずまく状況のなか、岸内閣は安保条約の改定にのりだします。米軍の駐留や基地に対する国民の怒りを逆手にとって、「対等な日米関係」というスローガンをかかげながら、日本の軍事的役割を強化しようとしたわけです。

一方のアメリカ側にとっても、ダレスがダグラス・マッカーサー二世を駐日大使として東京に送りこんだ目的は、やはり安保改定にありました。安保条約を改定し、自衛隊がアジア太平洋地域で、米軍の補完部隊としての役割をはたせるようにしたいと考えていたのです。

マッカーサーが安保改定を実行するうえで重視したのは、旧安保条約下の日米関係に対する世論の動向と、日本に対するアジア近隣諸国からの疑いのまなざしでした。

東京に着任したマッカーサー大使は、マスコミや自民党幹部などから精力的に情報をあつめ、その結果、ワシントンの国防総省や国務省の首脳たちよりも、さらにシビアな現状認識をもつようになりました。

一九五七年五月二五日、マッカーサーはかなり長文の極秘メッセージをダレスに送っていますが、**そのなかでまず彼が指摘したのは、日本はヨーロッパとは違うということでした。**

第二次大戦後、日本も西ヨーロッパの多くの国々も、アメリカと軍事同盟を結びました。日本は日米安保条約、ヨーロッパは北大西洋条約機構（NATO）(注)にもとづき、それぞれ米軍を国内に駐留させています。

けれどもマッカーサーはダレスに対し、

「われわれの死活的な利益という点からみると、日本はアジアで、西ヨーロッパにおけるドイツと同じような地位を占めている」

としながらも、

「日本は、われわれがドイツでもっている好ましいものをもっていない」

として、次のように書きました。

日本がアジアのなかで、ドイツがヨーロッパでもっているような友人も同盟国も、もつことができないのはなぜか、というのです。

「歴史的経験のために、極東や東南アジアの多くの近隣諸国は、依然として、日本に対して深い疑いをもっている。この時期になっても、アジアの自由な近隣諸国はどこも、実質的な統合を見通せるような集団安全保障や地域的・経済的、そして組織的な取り決めを日本と結ぼうとはしない」[12]

そしてマッカーサーは、アメリカが軍事同盟を結んでいる日本の近隣諸国とも、日本が軍事同盟を結べない現状を指摘しました。

つまり韓国は米韓相互防衛条約により、また当時の台湾（中華民国）は米華相互防衛条約によって米軍を駐留させています。けれども韓国も台湾も、日本と軍事同盟を結ぼうとはしない。

マッカーサーは安保改定をおこなうにあたって、その点が非常に重要なポイントだと考えていたのです。

（注）**北大西洋条約機構**（North Atlantic Treaty Organization）ＮＡＴＯ。アメリカと西欧各国が一九四九年に結んだ軍事同盟。一九九一年のソ連崩壊後は旧東欧諸国も加盟。現在はアフガニスタン戦争に介入するなど域外に派兵して、米軍とともに軍事行動をおこなうようになっている。

アメリカは巣鴨の拘置所で、死刑の恐怖を前に絶望する岸信介を、土壇場で釈放しました。

岸信介はかつて東条内閣の閣僚として、太平洋戦争の宣戦の詔勅に署名した人物です。その点では、幣原喜重郎や吉田茂、片山哲、鳩山一郎、石橋湛山など、それまでの首相とは違った経歴の持ち主でした。

アメリカはそんな岸を、土壇場で巣鴨の拘置所から救い出しました。

岸は旧満州国の高級官僚として辣腕をふるい、帰国すると間もなく、東条内閣の商工大臣となって、戦争経済と軍需産業の発展に手腕を発揮しました。このため、戦後はＡ級戦犯容疑者としてＧＨＱ（占領軍総司令部）の命令によって逮捕されています。

一九四八年一一月一二日、極東軍事裁判所は東条英機らＡ級戦犯七人に絞首刑の判決を下します。

東京の巣鴨の拘置所に収監されていた岸のこのときの心境について、政

岸信介（1896-1987）日本の官僚、政治家。東条英機内閣の商工大臣。敗戦後、A級戦犯容疑で逮捕されたが東京裁判で不起訴。57年、自民党総裁となり、内閣総理大臣に就任（「フォト」時事画報社）

治学者の原彬久(よしひさ)氏は、彼の獄中記から、

「『極刑』と『釈放』の狭間にあって、焦慮(しょうりょ)し苛立(いらだ)つ一人の人間の姿を読みとることができる」

と書いています。(原彬久『岸信介―権勢の政治家』岩波書店一九九五年)

判決の知らせを翌一三日に聞いた岸は、「いまや釈放の希望が全く消えてしまったことを確信」します。奇(く)しくもその日は、彼の五二回目の誕生日でした。

ところが、そこから岸の人生は大きく方向を転換します。同年一二月二三日に東条たちA級戦犯七名が処刑された翌日、岸は他のA級戦犯容疑者一八名とともに巣鴨から釈放され、それからわずか八年余りで首相の座にのぼりつめることになったのです。

岸は憲法九条の廃止をめざそうとしていました。一方、アメリカは日本に軍備の増強と、そのために必要な政治上の変化を求めていました。

アメリカでは一九五七年に二期目のアイゼンハワー政権がスタートしました。岸政権とアイゼンハワー政権がめざした日米安保の改定は、憲法九条の廃止という大きな政治目標と、当初セットで考えられていました。

マッカーサー大使は先の一九五七年五月二五日のダレスあての極秘書簡では、軍事面ではすでに重要な変革が過去五年間で日本に起きたとして、次は政治分野での「変化」が課題であると指摘していました。

さらに「アメリカの海外軍事基地」と題する同年一一月のフランク・ナッシュ国防次官の大統領あて報告書には、

「日本は海外派兵を避けようとしている。そのような日本の態度は、軍事力の役割を自衛に限定している憲法九条により強められている」[13]

と書かれていました。

そうした状況のなか、アジア太平洋地域で日本の軍隊を米軍の指揮下で使いたいというダレスの願望は、憲法九条の廃止も含めて、岸の手にゆだねられることになったのです。

岸はまず、「日本の自主性を回復する」というスローガンをかかげて、国民に評判の悪い旧安保条約の改定を打ちだしました。就任翌年の一九五八年五月の総選挙では、全四六八議席のうち、自民党が二八七議席をとり、三分の二に迫る勢いでした。

ドワイト・D・アイゼンハワー（1890-1969）アメリカ合衆国の軍人、政治家。陸軍参謀総長、NATO軍最高司令官などを歴任し、第34代大統領に就任（アイゼンハワー資料館ホームページ）

この勝利に自信を深めた岸は、五ヵ月後の一〇月一四日、米ＮＢＣテレビ記者のインタビューで、

「日本国憲法は、現在海外派兵を禁じているので、改正されなければならない。日本が憲法第九条を廃止すべきときは到来した」（『朝日新聞』一九五八年一〇月一五日夕刊）

と明言しました。

一九五七年七月、アメリカのハーター国務次官が東南アジア諸国を歴訪しました。キー・ワードは「アジア全域での日米統合作戦」でした。こうして指揮権密約の対象地域は、国防総省だけでなく、国務省の手によっても「自由アジア諸国」に広げられていたのです。

すでにのべたとおり、極東米軍は一九五七年七月に米太平洋軍に統合され、指揮権密約の実行も太平洋軍司令官の仕事になりました。太平洋軍司令官は、西太平洋から東南アジアはもちろん、インド洋を越えてアフリカ大陸の東海岸にまでいたる広大な地域を管轄下においており、日米の軍事的な関係も、より大きな視野のもとに位置づけられることになりました。

その同じ一九五七年七月に、クリスチャン・ハーター（当時、国務次官）がアジア諸国を歴訪します。ハーターはこの歴訪にあたり、「米軍再配置の影響」と題するトーキング・ペーパーを準備していました。

トーキング・ペーパーとは、外国首脳との会談などにあたって、予想される発言についてあらかじめ準備しておく文書のことですが、そのなかでハーターは次のようにのべて、「日米統合作戦」について強調していました。

「在日米軍の司令官は、日本の軍事当局と統合・共同計画を実行する責任がある。また、太平洋軍司令部のために、日本防衛における米日統合作戦を調整しなければならない」[14]

ハーターが日本の当局者との会談で協議するつもりだったのは、日本に駐留する米軍を削減し、その分、自衛隊に肩代わりさせたいということと、そのためにも、日米両軍の統合作戦と、それを指揮する統合司令部がますます重要になるということでした。

こうして、岸政権のもとで安保条約を改定する準備が整いました。

クリスチャン・A・ハーター（1895 - 1966）アメリカ合衆国の外交官、政治家。アイゼンハウアー政権下でダレスが重病に陥ると、国務長官に任命された（米国務省ホームページ）

しかし新しい条約のなかで指揮権密約を実行するためには、まず日本の軍隊が米軍とともに戦うこと、すなわち共同作戦を実施する義務が、条約上に明記される必要があったのです。

国務省のロバートソン国務次官補は、東南アジア条約機構（SEATO）(注)を手本にして、日本に軍事的な義務を負わせることを提案しました。

ロバートソン国務次官補は一九五八年三月二二日、「日米安保条約の改定」と題する極秘の覚書をダレス国務長官に提出し、安保改定では東南アジア条約機構（SEATO）を手本として、日本に追加的な軍事的義務を負わせるべきだという方針を説明しました。

「考えなければならないことは、安保条約の改定草案に、日本が追加的な軍事的義務を負うとまで書くことができるかどうかということである。これはたとえば、東南アジア条約機構（SEATO）の協定の表現を手本とすることにより可能となる」[15]

東南アジア条約機構は、アメリカ、イギリス、フランスの西欧三ヵ国と、オーストラリア、ニュージーランドの大洋州二ヵ国、タイ、フィリピン、パキスタンの東南アジア三カ国が、東南アジアを適用地域として結んだ安全保障条約で、盟主であるアメリカが必要と**判断すれば、加盟国に対して軍隊の派遣を含む軍事協力を要求できるようになっていました。**

実際、各加盟国はベトナム戦争では、米軍に基地を提供したり、軍隊を派遣したりしました。アメリカは安保改定によって、日本との関係もそれと同じようなものにしたいと考えていたわけです。

そのように、そもそも安保改定の主な目的は、日本の軍事力を海外で使うところにあり、そのためにも米軍司令官が、自衛隊を指揮できるようにしておく必要がありました。

もちろんロバートソンは、日本の海外派兵は日本国憲法があるかぎり難しいということがよくわかっていました。そのため彼はこの覚書のなかで、日本の海外派兵は「憲法の改定が進展するのに応じて」実現するだろうとつけ加えることを忘れませんでした。

（注）**東南アジア条約機構**（Southeast Asia Treaty Organization　SEATO）アメリカが主導し、英、仏、オーストラリア、ニュージーランド、フィリピン、タイ、パキスタンの八カ国が一九五四年に結成した軍事同盟。「反共」を旗印に、米軍の駐留や軍事基地に協力した。ベトナム戦争が終わった後の一九七七年に解散した。

ロバートソンは、安保条約の改定を日米安全保障委員会で協議しようと、ダレス国務長官に提案しました。

一九五八年三月二八日、ロバートソン国務次官補はダレス国務長官にあてた極秘の覚書のなかで、安保改定に日米安全保障委員会を利用することを提案しました。先の「日本の安保改定は、東南アジア条約機構を手本に」と提案した覚書から、六日後のことです。[16]

日米安全保障委員会は、岸首相が前年六月の日米首脳会談で提案し、アイゼンハワー大統領も賛成して設置することがきまっていました。

アメリカ側委員はマッカーサー大使、スタンプ太平洋軍総司令官、スミス在日米軍司令官など。日本側は藤山外務大臣、津島防衛庁長官などです。

この委員会は、設置されたあと、とくに目立った動きはありませんでした。けれどもこのあと見るように、安保改定で新安保条約の第四条に、日米は「この条約の実施に関して随時協議し」という条文が入ったあと、同委員会が「日米安全保障協議委員会」と名称を変えて、以後、指揮権密約を実行するための重要な舞台となっていきます。

ロバートソンの提案から三ヵ月後の一九五八年七月一日、米太平洋軍司令部は、海軍作戦部長に「日米安保条約の改定」と題する極秘の覚書を送り、もっとはっきりと自衛隊の海外派兵を日本政府に同意させるよう求めました。このとき海軍作戦部長は、「日本が憲法上の手続きにしたがって、自由アジアへの侵略に対する集団的軍事行動に参加するため、軍隊派遣の準備をすることに同意すること」が安保改定にあたって必要だという覚書を、ただちに統合参謀本部に送りました。[17]

もちろん海軍作戦部長も、そうした海外での軍事行動に自衛隊を参加させるためには、憲法改定が必要になるということはよくわかっていました。

そうした状況のなか、「日米安全保障委員会」が格上げされた「日米安全保障協議委員会」という「仕掛け」は、国民の目に見えない密室で、自衛隊の海外派兵や、さらにはそれを可能にする憲法改正を検討するための重要な協議機関となっていったのです。

旧安保条約下の日米関係について、深刻な危機感をもったマッカーサー大使は、今後日米両国が解決すべき重要な課題として、「核兵器のもちこみ」と「統合防衛」をあげていました。

マッカーサーは一九五八年二月一二日、ダレス国務長官あての極秘公電のなかで、

「日米の安全保障上の関係を、新しい状況にふさわしいものに調整しなければ、条約そのものが危機に瀕(ひん)することになる」

とのべて、旧安保条約を改定する必要性を強調しました。そして、日本人と良好な関係を築くために解決しなければならない課題として、「核兵器のもちこみ」と「統合防衛」をあげました。[18]

さらにマッカーサーはその六日後の一九五八年二月一八日、ダレスに極秘の書簡を送り、「統合防衛」とは、米軍と自衛隊を一体化し、その指揮権（コマンド）を統一して軍事行動をおこなうことを意味していました。

国務省のハワード・パースンズ北東アジア局長によれば、マッカーサーは、日本側から改定を必要とする行政協定の条項を列挙しました。

行政協定改定の要求がでる前に、機先を制するかたちで、改定を必要とする条項をみずから提示したのでした。

マッカーサーが、改定が必要だとしてあげた条項には、全国どこでも米軍基地にできることを定めた第二条、基地を使用するうえでの絶対的な特権を定めた第三条とともに、二年後の安保改定では削除されることになる二つの条項、第二四条と第二五条が含まれていました。[19]

第二四条は指揮権密約を前提にした問題の条項です。この密約条項がどのようにしてつくられたかは、第二章で見ました。そして、この条項が安保改定でどうなったかということは、このあとくわしく説明します。

第二五条は、米軍の駐留費用を日本側が負担する規定でした。アメリカの対ソ戦略や対アジア戦略のための米軍の費用を、なぜ日本国民の税金から払わねばならないのか。当時この問題は日本国民の怒りの的になっており、やはり安保改定では、この第二五条も削除されました。

ところがその後「思いやり予算」として、事実上復活していることは、本書の冒頭でもふれたとおりです。

岸首相は帝国ホテルの一室で、マッカーサー大使と密談を重ね、日米関係を東南アジア条約機構（SEATO）や、北大西洋条約機構（NATO）のような同盟関係にしたいという意欲をつたえました。

日米両国政府による安保改定の正式交渉は、一九五八年一〇月四日から始まったとされています。けれども実際は、同年の夏になると、岸首相は藤山愛一郎外相とともに、東京・日比谷の帝国ホテルの一室でマッカーサー大使と頻繁に密談をくり返していました。

岸は同年八月二六日の密談で、「自分が考えていることを大統領に知ってもらいたい」とのべたうえで、日米の安全保障問題について、現状では日本の領域外に軍隊を送り出すことは憲法によりできないが、自分はそれを「調整する」必要があると考えていると強調しました。

岸のいう「調整」とは、憲法を改正するか、その解釈を変更して、海外に軍隊を送れるようにするということです。

マッカーサーはこの密談の内容をダレス国務長官に報告して、「日本との安保関係はSEATO（東南アジア条約機構）や、NATO（北大西洋条約機構）、その他の同盟と同じく、パートナーシップと相互性の基礎の上におくことが重要だ」[20]とのべました。

日米安保条約を、アメリカが結んでいる他の軍事同盟と同じく「相互性の基礎の上におく」という言葉の意味は、米軍が日本を守る代わりに、アメリカが必要とするところでは米軍を支援して、自衛隊がともに戦えるようにしたいということです。

ダレス国務長官は、行政協定を変える必要はないとマッカーサーに指示しました。

安保改定交渉で大きな問題となったのは、日本国民の怒りが集中していた行政協定についてでした。岸内閣は、安保条約を改定する目的を「〔日本の〕自主性を復活する」ためとしていたので、安保改定といえば多くの人びとが、占領下で結ばれた悪評高い行政協定を改定するものと思っていました。

けれども**ダレス国務長官は一九五八年九月三〇日、マッカーサーあての極秘公電のなかで、「行政協定の内容は変えない」とのべ、安保条約を相互的な条約に変えるうえで技術的に必要な部分を除いては、変えないでおくよう指示しました。**[21]

行政協定を変えないというダレスの指示は、国務省のパースンズ国務次官補から一二月一九日、東京のアメリカ大使館のホーシー公使への極秘公電で、「パンドラの箱をあけるな」と伝えられました。[22]

そうした対応は、行政協定に明記された米軍の特権を、そのまま安保改定後も維持したいという軍部の強い主張に、国務省側が足並みをあわせたものでした。

安保改定交渉が正式に始まった一九五八年一〇月四日の第一回会談は、東京港区の外相公邸に、岸首相、藤山外相、マッカーサー大使、ホーシー公使らが出席して開かれました。新聞は、岸とマッカーサーがなごやかに話しあっているところの写真をのせ、交渉のスタートを大きく報じました。

その後の改定交渉は、霞が関の外務省でおこなわれたことになっており、時折、その写真が報じられました。

けれども実際は、重要な協議はすべて帝国ホテルの一室で秘密裏におこなわれており、国民には、なにが話しあわれたのかはもちろん、会談がおこなわれたこと自体が秘密にされていました。

岸首相と藤山外相は、その後も帝国ホテルでマッカーサーと頻繁にあって、安保条約や行政協定に関する日本の政治状況などについても、密談を重ねていきました。岸はときには、自分の政治的思惑や自民党内の派閥抗争に関する情報までその席で語っており、マッカーサーはその内容を、そのつど国務省に極秘公電などで報告していました。

太平洋軍のフェルト司令官はロバートソン国務次官補を訪問し、指揮権密約に関連する行政協定第二四条を削除することで一致しました。指揮権密約を行政協定に関する密約ではなく、安保条約本体に関する密約に変更することは、当初からの軍部の要求だったからです。

フェルト太平洋軍司令官は、行政協定について、米軍基地内におけるアメリカの絶対的な権利を定めた第三条の表現を少しやわらげるとともに、指揮権密約を背後に隠した第二四条の削除を提案しました。

これは、ハワード・パースンズ国務省北東アジア局長が一九五八年一二月一八日、ロバートソン国務次官補にあてた極秘書簡のなかで書いている事実です。

パースンズがこの書簡を書いたのは、この日、フェルト司令官がロバートソンを訪問し、マッカーサーが提案した行政協定の改定案には反対するということを伝えるためでした。ダレス長官をはじめ国務省も、この点では一致していました。

パースンズはこの書簡のなかで、日本側が大幅改定を求めている行政協定について、**国務省は行政協定の改定は統合参謀本部などの軍部が承認しない以上、できないと考えてい**

Office Memorandum • UNITED STATES GOVERNMENT

TO : FE - Mr. Robertson DATE: DEC 18 1958

FROM : NA - Mr. Parsons

SUBJECT: Call on You Today by Admiral Felt.

During Admiral Felt's call on you this afternoon at 4 p.m., it is suggested that you discuss with him Ambassador MacArthur's proposed amendments to conform the present Administrative Agreement with the proposed new treaty of mutual cooperation and security.

At the meeting of December 16, Mr. Fujiyama stated that the Administrative Agreement would probably have to be submitted to the Diet for approval along with the new treaty and he indicated that the Japanese will probably seek some modifications in the Agreement. Ambassador MacArthur warned Mr. Fujiyama that any substantive changes in the Agreement would have to be fully negotiated before a new treaty were signed and that it would not be possible to move forward on the new treaty without knowing what changes the Japanese had in mind. Arrangements have been made for staff level discussions with the Foreign Office on the Administrative Agreement. In an effort to forestall major Japanese changes in the Agreement, Ambassador MacArthur has proposed tabling changes in the Administrative Agreement drawn up by United States Forces Japan. These changes would: (1) replace references to "the Security Treaty" with references to "the Treaty of Mutual Cooperation and Security"; (2) replace reference to United States "rights" with the language "the United States may ..."; and (3) omit Article 24 on consultation since it is no longer required in view of Article IV of the Treaty. These changes would not affect in substance our base rights in Japan.

In discussing the proposed changes in the Administrative Agreement with Admiral Felt, it is suggested that you take the following line:

The Department of State sees no objection to the changes in the Administrative Agreement as proposed in the United States Forces Japan draft since they are designed to conform the Administrative Agreement to the new treaty. It is prepared to authorize, if Defense agrees, that these changes be tabled as a basis for discussion and negotiation with the Japanese. However, any instruction authorizing the Embassy to table these changes should also make clear our continued unwillingness to agree to substantive revision of the Administrative Agreement.

FE:NA:RLSneider:lrj
12/18/58

FE - Mr. Parsons

SECRET

行政協定第24条を削除し、「随時協議」という名の指揮権密約を安保条約第4条に移すというフェルト太平洋軍司令官の要求を、ロバートソン国務次官補に報告したパースンズ国務次官補の覚書（1958年12月18日）

る、だから行政協定の改定は指揮権密約に関連する第二四条を削除し、その内容を新安保条約第四条に移すだけでよい、としたのです。

パースンズは、**行政協定の大幅改定に同意すれば、パンドラの箱をあけることになるという国防総省の見解を伝え、**

「新たな文言の協定を結ぶのではなく、協定の主な改定を棚上げする方向が望ましい」[23]

とマッカーサーに指示しました。

行政協定については、自民党内は大幅改定を求める声が強く、とくに第二四条は焦点となっていました。

一方の日本側では、大多数の国民が行政協定の大幅改定は当然だと思っていました。岸内閣の与党である自民党内でも、多くの国会議員がそう考えていました。

ですから自民党は一九五九年四月一一日の総務会で、「行政協定の全面改訂」を決議していたのです。総務会は党大会に次ぐ自民党の重要な決定機関です。しかし、この決議の内容はさきに紹介したとおり、米軍部の拒否の前に実現しませんでした。

マッカーサーは三月七日の国務省あて公電で、このような自民党内の状況を報告し、とりわけ二四条の削除が「日米新時代にふさわしい対等の関係ではない」という国民の批判を和らげるために、必要だと強調しました。

行政協定第二四条の内容は、新安保条約第四条に受けつがれ、現在まで生きつづけています。指揮権密約の適用範囲も、「日本区域における脅威」とされていたものが、ダレスの要求どおり新安保条約第四条では、「極東地域における脅威」にまで広げられることになりました。

それでは行政協定第二四条の背後に隠された指揮権密約が、安保改定でどうなったのかを見てみましょう。

一九五九年四月二九日には、マッカーサー大使は、日本側から提案された新安保条約の条文を国務省に報告しました。

その第四条にはつぎのように書かれていました。

「締約国はこの条約の実行について、また極東における国際の平和と安全が脅かされた時はいつでも、いずれか一方の側の要求により協議する」

日本側が提案したこの条文を、指揮権密約を隠した行政協定第二四条の次の条文とくらべてみましょう。

「日本区域において敵対行為または敵対行為の急迫した脅威が生じた場合には、日米政府および合衆国政府は、日本区域の防衛のため必要な共同措置をとり、かつ安保条約第一条の目的を遂行するため、ただちに協議しなければならない」

マッカーサーは、日本側から提案された新安保条約第四条の条文にコメントをつけて、これにより、行政協定第二四条は削除されるとのべました。

なぜ、そんなことをする必要があったのでしょうか。

日本国内では、行政協定の全面的改正を求める声がひろがり、自民党でも党議決定になったことをすでに見ました。

自民党内には、どうせアメリカは行政協定の改定には応じないだろうというしらけた意見もありましたが、そうしたグループでも、せめて二四条は削除せよと主張していたのです。そうした日本側の声に、アメリカ側も配慮を示す必要はあったのです。

指揮権密約は、安保改定によって新安保条約の本体の方に移され、その対象範囲は国外へと大きく広げられることになりました。

指揮権密約はこのように、一九六〇年の安保改定により、「日本及び極東の安全に対する脅威が生じた場合には日米両国が協議する」という文言のもと、適用範囲を大きく広げたうえで安保条約の本体に移されることになりました。

米国務省が安保改定後に発行した「行政協定と地位協定の比較分析」は、「行政協定の主要な変更は何か」という問いを設けて、次のように書いています。

「戦争の脅威が迫っている場合に協議をすることについての行政協定第二四条の内容は、新安保条約の第四条に受けつがれる」(24)

こうして行政協定第二四条を削除し、指揮権密約を新安保条約第四条の背後に移したことで、指揮権密約の条文をめぐる長い交渉の歴史に、ひとまずの終止符が打たれることになりました。

その一〇年間におよぶ歴史を簡単にふり返ると、まず指揮権の問題について初めて書かれたアメリカ側の条文は、一九五〇年一〇月二七日にマグルーダー陸軍少将が書いた「旧安保条約・陸軍原案」でした（106ページ参照）。

その内容は第二章で見たように、ダレスが一九五一年二月に日本側に示した「安保協力協定案」の第八章に受けつがれましたが、交渉の結果、「旧安保条約」の条文からは削除され、井口外務次官とアリソン副国務次官補がイニシアル署名した「行政協定案」のなかに移されました。

それが一九五二年二月の交渉の結果、「指揮する」という表現は隠したまま行政協定・第二四条の正式な条文となり、さらに一九六〇年の安保改定で、やはり「指揮する」という表現は隠したまま、ふたたび安保条約の本体に返り咲いたわけです。

新安保条約の第四条は、ＮＡＴＯ（北大西洋条約機構）の条約と比べても、きわめて異常なものです。

ところで新安保条約の第四条がもつ異常さは、同じくアメリカが結ぶＮＡＴＯ（北大西洋条約機構）の条約とくらべると、よくわかります。

北大西洋条約の第四条には、

「いずれかの締約国の領土の保全、政治的独立または安全が脅かされていると、いずれかの締約国が認めるときは、いつでも協議する」

と書かれています。

協議するのは、あくまで加盟国の領土や政治的独立・安全が脅かされているときで、その脅威が存在すると判断するのも各加盟国自身です。

ところが新安保条約の第四条は、

「日本国の安全または極東における国際の平和および安全に対する脅威が生じたときはいつでも、一方の締約国の要請により協議する」

となっています。「極東における国際の平和および安全に対する脅威」というのは曖昧で、無限に拡大解釈が可能な概念です。

しかもその「脅威が存在する」という判断をおこなうのは、日本ではなく、アメリカです。**「協議」という言葉を使いながら、NATOのように対等ではなく、一方的に指示をあたえられる関係になっているのです。**

指揮権密約を背後に隠した新安保条約第四条は、軍事力の増強を義務づけた第三条や、日米の共同軍事作戦を義務づけた第五条と一体になって、自衛隊が米軍の指揮のもとで戦争することを可能にしています。

安保改定で条約本体に書き加えられたのは、指揮権の問題だけではありませんでした。

まず第三条には、日米は、

「個別的に及び相互に協力して（略）武力攻撃に抵抗するそれぞれの能力を維持し発展させる」

という内容が書かれています。つまり自衛隊は米軍と一緒に戦うために、軍事力を増強する義務があるということです。

次に第五条では、日米は、

「日本国内への武力攻撃が、自国の平和と安全を危うくするものであることを認め（略）共通の危険に対処するように行動する」

という内容が定められ、日米が共同で作戦を実施する義務が明記されました。

これらの条文が、第四条の背後に隠された指揮権密約と一体になって、米軍が自衛隊を

自由に戦争で使う体制を可能にしているのです。

指揮権密約については、もちろん一九六〇年当時の日本国民はだれもそのカラクリを知らなかったわけですが、それでも新安保条約の条文が明らかになると、多くの国民がその背後に隠された意図を感じて、疑問や不安をいだくようになりました。

日本の世論の動きをつかんでいたアメリカ政府は、岸政権がつぶれないように配慮し、自衛隊の海外派兵を求める条文を新安保条約から削除しました。

こうして安保改定への反対運動が、さまざまな社会階層のあいだに広がっていきました。

一九五八年の夏にマッカーサーと密談を重ねて安保改定を決意した岸首相は、同年秋には、治安体制強化のために警察官職務執行法（警職法）改定案を国会に提出しました。これにより多くの国民が、岸政権の強権的態度を警戒するようになり、自民党内でも多くの派閥が岸や藤山と距離をおくようになりました。

一方、アメリカ政府は日本国民の反発についてよく見ており、世論の動きにも敏感でした。マッカーサー大使やホーシー公使らは、そうした日本国内の状況をくわしく国務省に報告していたのです。

なかでも彼らが重視したのは、岸政権の安定性でした。

そのため、一九五九年五月九日には、先にふれた新安保条約第三条の条文について、当初要求していた、

「個別的かつ集団的に（略）武力攻撃に抵抗する能力を発展させる」

という文言をやめ、

「個別的におよび相互に協力して」

と変えて提案しなおしました。（ディロン国務長官代理からマッカーサーへの秘密公電）[25]

またマッカーサーは、翌月の六月一八日に国務省にあてた極秘公電で、

「日本国憲法が陸海空軍およびその他の戦力の維持を絶対的に禁止しているなかで、日本に自国の防衛〔専守防衛〕を超えて自衛力を維持し、発展させることは法的に不可能だ[26]」

と報告しました。

岸政権に対する批判の広がりに、アメリカ側も日本が憲法を改定して海外に軍隊を送り、米軍の戦争を支援することは、当面はムリだろうと判断したのでしょう。そしてこのとき岸ができなかったことを、六〇年近くたってから、ふたたびやろうとしているのが、孫で

ある安倍晋三首相だというわけです。

アメリカの国家安全保障会議は、安保改定時における当面の判断として、日本の軍事行動の範囲を「日本防衛」に限定することにしました。

アジア太平洋地域で日本の軍事力を利用することに執念を燃やしたジョン・フォスター・ダレス国務長官は、一九五九年四月二四日に死去し、新しい国務長官にはクリスチャン・ハーターが就任しました。

アメリカは安保改定と、さらには自衛隊の海外派兵を実現しようとした岸首相が、国民から大きな批判にさらされている状況を無視することはできませんでした。

そうした日本国内の状況を認識したハーター国務長官たちには、日本国民が強く反発し、抵抗している自衛隊の海外での軍事行動については、新安保条約に書きこめる状況にはないという政治判断があったものと思われます。

岸政権は一九六〇年五月一九日の深夜に警官隊を国会内に導入して国会会期延長を強行し、翌朝未明に新安保条約を強行採決しました。「岸内閣打倒、安保反対」の声はさらに大きくなり、六月四日には労働者が全国各地でストライキや職場放棄に参加しました。

アイゼンハワー大統領は沖縄の那覇まで来ていましたが、急きょ訪日を中止することになりました。

そうした状況のなか、岸が国会で強行採決した直後の五月二〇日、国家安全保障会議は「アメリカの対日政策」と題する極秘の文書を採択しました。

そこでは自衛隊について、一九六五年までは海外派兵を求めないという方針が示されていました。アメリカの軍部は日本の国内世論の動向をリアルに見て、問題をしばらく先送りすることにしたのです。

国会を包囲する安保闘争のデモ隊。新安保条約の自然成立前日の1960年6月18日、反対運動がピークをむかえた（「アルバム戦後25年」朝日新聞社）

国家安全保障会議は、指揮権密約の実行を一九六五年まで先送りするという計画を立てていましたが、国民の反対による岸の退陣は、その思惑を大きく狂わせることになりました。

「アメリカの対日政策」のなかには、次のような記述もありました。

「この軍隊〔日本の自衛隊〕を使う任務を日本区域の外側にまで広げることは、いまの解釈では憲法九条によって禁止されており、区域外で日本の軍事力を使用するのには限界がある。**もし計画通り、この軍隊を発展させるなら、日本はアメリカがこの軍隊を生んだのにふさわしい防衛責任を果たすだろう。**しかしながら、一九六五年までは、日本は防衛という限られた能力しかもてないだろう」(27)

つまりアメリカが警察予備隊をつくったときから計画していたように、自衛隊を米軍の指揮のもと海外で使える軍隊にするには、一九六五年まで待たねばならないということです。逆にいえば、そのころには日本の憲法も改正され、海外派兵が可能になるだろうと、アメリカのトップたちは考えていたのです。

けれども安保改定をめぐる日本国内の反対運動は、ダレスや岸やアメリカ政府の主脳たちが当初考えていたスケールを、はるかに上まわることになりました。その結果、岸は憲法九条の改定を果たせないまま、一九六〇年六月二三日、新安保条約の批准とともに退陣を表明することになったのです。

「指揮権密約」関連年表　1953〜1960年

1953年1月1日	日本で米保安顧問団発足
4月3日	沖縄で米民政府が土地収用令を公布
7月27日	朝鮮休戦協定調印（板門店）
10月1日	米韓相互防衛条約調印（ワシントン）
2日〜30日	池田・ロバートソン会談、軍備増強の共同声明
1954年3月1日	米ビキニ水爆実験、第5福竜丸被ばく
8日	日米相互防衛援助（MSA）協定調印（東京）
5月1日	MSA協定発効。米軍事援助顧問団（MAAG－J）に改称し発足
6月2日	参議院、自衛隊海外出動を禁止する決議を可決
9日	防衛庁設置法・自衛隊法成立
7月1日	自衛隊発足
21日	インドシナ休戦に関するジュネーブ協定調印
9月3日	ダレス国務長官、「保安隊にもっと強い措置を」と日本に要求
8日	東南アジア集団防衛条約（SEATO）調印
11月19日	日米貸与武器譲渡交換公文発表
1955年2月27日	北富士演習場で米軍砲撃演習。地元民が座り込み
8月31日	重光外相訪米、ダレス国務長官と会談、共同声明発表

9月13日　東京・砂川町で立川基地拡張のため測量強行。警官隊出動
1956年3月22日　防衛生産のための日米技術協定調印（ワシントン）
7月2日　国防会議発足
10月12日　砂川基地拡張のため測量強行、反対運動に政府は測量中止
1957年1月30日　ジラード事件
2月7日　米国防総省、誘導兵器などを日本に供与と発表
25日　岸内閣成立、マッカーサー大使着任
5月20日　岸首相、東南アジア諸国歴訪（〜6・4）
6月14日　国防会議、「防衛力整備目標」（1次防）決定
19日　岸訪米、アイゼンハワーと安保改定に合意し共同声明発表
27日　砂川町で強制測量、7・8砂川事件、その後、23人を検挙
7月1日　米極東軍総司令部を太平洋軍司令部に統合
8月6日　日米安保委員会発足。8・16　東京で第1回日米安保委員会
13日　政府の憲法調査会第1回総会
1958年4月1日　第1次防衛力整備計画始まる
8月23日　中国、金門島砲撃、台湾海峡の紛争激化、米第7艦隊出動
9月11日　藤山・ダレス会談で安保改定交渉開始を決定
10月4日　安保改定公式交渉始まる
8日　岸内閣、警察官職務執行法（警職法）改定案を国会提出
14日　岸首相、米NBC放送で「憲法九条廃棄の時期」と言明

1959年	3月28日	安保改定阻止国民会議結成
	30日	東京地裁が米軍駐留を憲法違反と判決（伊達判決）
	4月9日	藤山外相とマッカーサー大使が核持ち込み・米軍出撃の密約
	11日	自民党総務会、行政協定の全面改定を決議
	22日	マッカーサーが田中耕太郎最高裁長官と密談
	5月8日	行政協定交渉に入る
	11月5日	田中最高裁長官、再びマッカーサーと密談
	12月16日	最高裁、米軍駐留は憲法違反でないと判決（砂川判決）
1960年	1月6日	藤山とマッカーサー、密約文書にイニシアル署名
	19日	新日米安保条約・地位協定・岸・ハーター交換公文など調印
	4月26日	新安保条約阻止の10万人国会請願
	5月19日	警官隊を国会に導入。衆議院で新安保条約など強行採決
	20日	米国家安全保障会議（NSC）、「アメリカの対日政策」決議
	6月4日	全国で安保条約反対の統一行動、労働者が安保反対スト
	16日	岸首相、アイゼンハワー訪日延期を要請
	19日	新安保条約・地位協定、参議院の議決なく自然承認
	23日	日米政府、新安保条約批准書交換、岸首相が辞任表明
	9月8日	第1回日米安保協議委員会（SCC）開催
	10月20日	全国40ヵ所で新安保条約反対・第23次全国統一行動

第4章
密約の実行をめぐる攻防
1961年〜1996年

岸首相の退陣によって、「日本の国外で、米軍の指揮のもと戦う自衛隊」というアメリカの軍部の計画は、頓挫することになりました。

しかし、計画そのものがなくなったわけではありません。戦争を禁止した日本国憲法と、それを強く支持する日本国民のもとで、その後、いったいどのようにして、自衛隊が米軍の指揮のもとで戦争する仕組みがつくられていったのか。そのアクロバット的な作業の経緯を見てみましょう。

日米共同演習に臨んで、国旗を掲げて整列する米軍兵士と自衛隊員（自衛隊ホームページ）

一九六〇年の安保改定によって、米軍と自衛隊が一緒に戦うことが条約上の義務になりました。次のとおり、新安保条約第五条にそのことが明記されたのです。

「各締約国は、日本国の施政の下にある領域における、いずれか一方に対する武力攻撃が、自国の平和及び安全を危うくするものであることを認め、自国の憲法上の規定及び手続に従って共通の危険に対処するように行動することを宣言する」（新安保条約第五条）

さらに、日米が継続的に軍事上の協議をおこなうことを定めた次の第四条にもとづき、両国間の協議機関として日米安全保障協議委員会（ＳＣＣ：以下、日米安保協議委員会と略称）が設けられることになりました。

「締約国は、この条約の実施に関して随時協議し、また、日本国の安全又は極東における国際の平和及び安全に対する脅威が生じたときはいつでも、いずれか一方の締約国の要請により協議する」（新安保条約第四条）

そしてこの日米安保協議委員会のもとで生まれた組織のなかで、一九七八年、一九九七

年、二〇一五年の三度、日米の軍事的協力のための「ガイドライン」（「日米防衛協力のための指針」）がつくられていくことになります。こうして自衛隊と米軍が共同で作戦する仕組みが、長い時間をかけて軍事協力の対象を拡大しながら、少しずつ整えられていったのです。

一方、戦争を禁止した日本国憲法と、それを支持する日本国民の抵抗は強く、さすがのアメリカの思惑も簡単には実現できませんでした。

ここからは、三度のガイドラインを軸に、そのせめぎ合いの歴史を見ていくことにします。

安保改定の直後、国務省の北東アジア局長は、日米関係がきわめて脆弱になっていると指摘しました。

新安保条約は一九六〇年六月一九日午前零時に、参議院の議決なしに自然成立し、同二三日に日米両政府が批准書を交換しました。

その一週間後の一九六〇年七月一日、国務省北東アジア局のベイン局長は、ハワード・パースンズ国務次官補に、「アメリカの対日政策」と題する部内覚書を提出します。それは安保改定後の日本の政治情勢について分析し、報告したものでした。

ベインがそこで指摘したのは、現在、安全保障の分野で日米関係がきわめて脆弱になっているという事実でした。

ベインは、まず核実験や基地問題、軍備増強圧力などの問題で、デモが日本国内で頻発していることを指摘しました。そして、日本の保守政党の指導者たちは、そうした状況を乗りこえるために、これから数年間は日米関係でより「対等」だという姿勢をアピールせざるをえないだろうと指摘しました。[1]

安保改定で、指揮権密約は行政協定第二四条の背後から、新安保条約第四条の背後へと格上げされて受けつがれることになりました。けれども米軍基地や軍事協力に反対する機運が高まる社会情勢のもとでは、さすがに米軍も、ただちにその実行にとりくむわけにはいきませんでした。

一方、アメリカでは一九六一年、アイゼンハワーに代わってケネディ大統領が誕生しました。新政権のもと、同年四月に東京に着任したライシャワー駐日大使は、安保改定で傷ついた日米関係の修復と強化につとめました。この時期、学者や知識人をはじめ、各分野で指導的立場にいた多くの日本人が、大学や労働組合などさまざまの機関や団体から招待されてアメリカを訪れています。

表舞台である日米安保協議委員会（SCC）のウラ側で、さまざまな非公式の協議機関がつくられていきました。

すでにふれたとおり、安保改定後、新安保条約第四条にもとづいて日米安保協議委員会が設けられました。この協議機関がその後、指揮権密約を実行するうえで非常に重要な役割をはたすことになります。

日米安保協議委員会を見るうえでもっとも重要なのは、その下部組織がいくつも生まれ、そこで米軍と自衛隊の幹部たちが直接交流し、具体的な協議が進められていくようになったことです。軍事についての具体的な協議は、もちろん非公開でおこなわれるため、その結果、日米間のさまざまなレベルで、秘密を共有する非公式の軍人たちの組織がつくられていくことになりました。

そしてしだいに日本政府は、野党の抵抗が強い米軍基地や軍事協力の問題を、できるだけ国会などの表舞台にはもちださず、そうした下位のレベルの協議機関を使って、アメリカ側と秘密裏に協議するようになっていったのです。

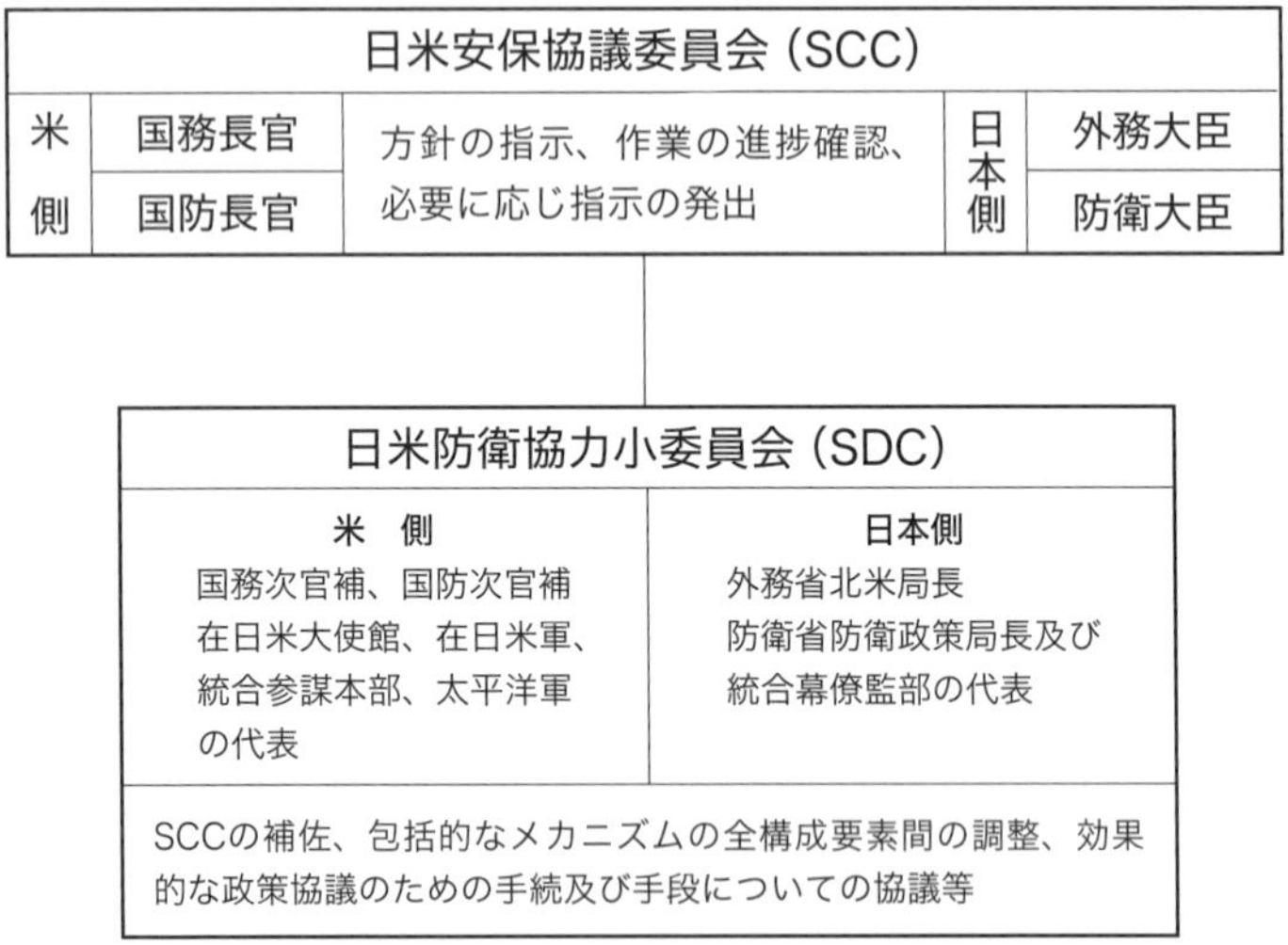

日米安保協議委員会（SCC）				
米側	国務長官	方針の指示、作業の進捗確認、必要に応じ指示の発出	日本側	外務大臣
	国防長官			防衛大臣

日米防衛協力小委員会（SDC）	
米　側	日本側
国務次官補、国防次官補 在日米大使館、在日米軍、 統合参謀本部、太平洋軍 の代表	外務省北米局長 防衛省防衛政策局長及び 統合幕僚監部の代表
SCCの補佐、包括的なメカニズムの全構成要素間の調整、効果的な政策協議のための手続及び手段についての協議等	

日米安保協議委員会と防衛協力小委員会（2017年現在）

一九六〇年九月八日に外務省で開かれた第一回日米安保協議委員会（ＳＣＣ）では、防衛専門委員会の設置が合意されましたが、そのもとで制服レベルの非公式の軍事的協議が秘密裏につづけられていきました。

なかでも特筆すべきは、一九七六年七月に設置された「日米防衛協力小委員会」（ＳＤＣ）です。この防衛協力小委員会がその後、「ガイドライン」（日米防衛協力のための指針）の作成をはじめ、日米間の軍事協力についての協議や調整に、きわめて重要な役割をはたすことになります。

基地の共同使用をテコにして、日米間で軍事協力が進められていきました。

米軍が自衛隊を指揮する体制づくりは、基地の共同使用や共同演習などを通じて、一九六〇年代から始まりました。

日米の基地の共同使用の根拠にされているのは、地位協定のなかの、米軍基地を自衛隊が使用する「第二条四項a」と、自衛隊基地を米軍が使用する「第二条四項b」です。それぞれ「二4a（にいよんえー）」「二4b（にいよんびー）」とよばれており、条文の内容は図のとおりです。

地位協定第二条四項の要旨
二条4項a 米軍が基地を使用しない時は日本国民に使用させることができる
二条4項b 米軍が一定期間に限り使用する基地は、合同委員会が協定中に範囲を明記する

⇩

［解説］
上記二条4項bの条文を大幅に拡大解釈することで、米軍は一度日本側に返還した基地の優先的使用権を得て、そこで自衛隊との共同使用、共同演習を通じて両軍の一体化を進めている。まさに手品というにふさわしい。

「二4b」では米軍が、日米合同委員会での協議にもとづき、日本の土地や施設を「一定の期間」使用できるとなっています。この条文の拡大解釈から、さまざまな自衛隊基地について、米軍との共同使用がおこなわれるようになったのです。

このふたつの条項は、どちらも旧安保時代の行政協定にも書かれていましたが、それにもとづく自衛隊基地の日米共同使用が本格的になったのは、一九六〇年に新安保条約が結ばれてからのことです。

こうして新安保条約第四条にもとづき、密約を実行するための「協議機関（日米安保協議委員会）」が設置され、同第五条で日米が共同で作戦行動することが条約上の義務となり、指揮権密約がいよいよ実行の段階に入ることになりました。

第一回日米安保協議委員会で、米軍側はいくつか重大な発言をしています。そのひとつが、必要なときはいつでも米軍が使用できるという条件であれば、いくつかの米軍基地を日本側に「返還」してもよいとのべたことでした。

もっとも、このときアメリカ側がのべた言葉は、正確には「返還（リターン）」ではなく「放出（リリース）」です。いったい、それはどういう意味だったのでしょうか。

富士の演習場や岩国基地では、米軍と自衛隊が、どの場所をどちらが使うかを、毎日話しあっていると米海兵隊の司令官がのべています。

たとえば本書の序章で見た、富士演習場を例にとってみましょう。

この富士演習場は、さきにのべた「二4b」のトリックが使われた典型的なケースです。まず、そこにあった広大な米軍基地が日本側に「返還」され、次に自衛隊基地になったその演習場を、地位協定の「二4b」にもとづき、米軍が使用しつづけているのです。

そこには、ただ基地を使用するだけにはとどまらない、アメリカ側の大きな戦略がありました。それは基地を共同使用することにより、日米間の軍事的一体化を促進し、さらには自衛隊に対する指揮権を現場の演習レベルで確立することだったのです。

米海兵隊（太平洋軍）のグレグソン司令官は、二〇〇四年一〇月六日、ワシントン郊外の国防総省で日本人記者と懇談し、沖縄の海兵隊の本土移転について、それが米軍と自衛隊の連携の強化につながると、次のように語りました。

「**われわれは以前から、自衛隊との基地の共用使用を主張してきた。日米の基地を使って、自衛隊と米軍は、より緊密な連携をはかる必要があるからだ**」

北海道にある陸上自衛隊の矢臼別演習場では、自衛隊とアメリカ軍との日米共同訓練が頻繁に行われている（自衛隊ホームページ）

さらにグレグソン司令官は、

「富士や岩国は［日米の基地共同使用の］興味深い実例だ。富士ではどこをどちらが使うかを毎日話しあっており、米軍と自衛隊による基地の共同使用を、より効果的なものにする方法がわかってきた」[2]

とのべました。

米海兵隊は、日米の軍事的一体化をはかるという大きな目的のもとに、富士山の広大な裾野での軍事演習を位置づけていたのです。

いま、北富士と東富士の両演習場には、沖縄に駐留する米海兵隊が定期的に訪れています。そして矢臼別（北海道）、王城寺原（宮城県）、日出生台（大分県）などと同じく、「二4b」により、自衛隊と米軍が砲弾や銃弾を使った軍事演習をおこなっているのです。

レムニッツアー米統合参謀本部議長は「ガイドラインをつくることで、安保条約に魂を入れるのだ」とのべています。

米国務省は安保改定の翌年の一九六一年一〇月、新安保条約の実行にかんする「政策と運用のガイドライン（指針）」を作成しました。

一方、レムニッツアー統合参謀本部議長も同年一一月三〇日、「アメリカの対日政策のためのガイドライン（指針）」と題する別の極秘覚書を国防長官に提出しました。

それらはいずれも、日米の軍事協力が安保改定で新しい段階に入ったことを踏まえ、アメリカの政府、軍部としてのあり方を「ガイドライン（指針）」として示し、日本国内にとどまらず、アジア・太平洋地域で自衛隊に米軍を支援させる重要性を強調したものでした。

レムニッツアーは、こうのべていました。

「日本の軍事的能力にかんしては、侵略に対するみずからの防衛を強化するとともに、西太平洋の防衛について、より大きな責任をしだいに果たさせていくべきだと、統合

参謀本部は考えている」(3)

レムニッツァーのこの文書に添付された統合参謀本部の覚書は、西太平洋地域における日本の防衛責任に言及して、

「最終的な目標は、日本を西太平洋の集団防衛組織に参加させるところにある」

「日本が西太平洋において、より大きな防衛責任を受けもち、最終的には西太平洋の安全保障組織の一員になるようにする」(「国防長官への覚書案」一九六一年一一月二四日付)

とのべていました。

一九六三年におこなわれた「三矢(みつや)研究」では、第二次朝鮮戦争を想定した、五カ月間にもおよぶ大規模な机上演習がおこなわれました。

そうした流れのなかで生まれたのが、一九六五年二月に国会で暴露された「三矢研究」でした。そこには米軍が自衛隊を指揮して戦争をした場合、いったい何が起こるのかということが、はっきり示されていたのです。

この「研究」は、米軍と自衛隊の制服組(武官)が、共同で秘密裏につくっていたもの

毎日新聞 夕刊

衆院予算委 防衛問題で紛糾

"三矢研究"公表せよ

岡田氏(社) 国会無視の国策討議

中共、仮想敵視せず 首相答弁

許されぬ研究 首相答

水道値上げ慎重に

首相、東都知事に

ソ連首相、北京へ

北ベトナム訪問終わる

報復爆撃終わる

バンディ次官補が言明

値上げ幅変える含みも

国鉄、一万

衆議院予算委員会における三矢研究の討議を報じる、1965年2月10日の『毎日新聞』夕刊

です。

正式名称は「昭和三八年度　統合防衛図上研究」といい、一九六三年の二月から六月まで、統合幕僚会議の佐官（大佐・中佐・少佐）級一六名、陸海空の幕僚監部の佐官級三六名に加え、在日軍事顧問団の首脳たちも数名参加しておこなわれました（軍事顧問団については第3章を参照）。

設定は、朝鮮半島における第二次朝鮮戦争の勃発、その緊急事態を受けて、先に参戦した米軍を自衛隊がどのように軍事支援するかという机上演習でした。三矢研究ではその場合は、正式に自衛隊の指揮権を米軍にゆだね、自衛隊が日本の国内でも国外でも、米軍の戦争に協力するための方策が、こまかく検討されていました。

同研究の関連文書は膨大な量にのぼりますが、政府はそのごく一部しか公表しませんでした。けれども公表された一部だけを見ても、それから半世紀後の二〇一五年に日米安保協議委員会が発表した「日米防衛協力のための指針」（第三次ガイドライン）と、多くの共通点があることに驚かされます。

たとえば「三矢研究」は冒頭で、「日米共同作戦調整所の開設」という項目をたて、日本側は統合幕僚会議（「統幕」）、アメリカ側は在日米軍司令部が共同で、作戦調整所を設置するケースについてのべています。

さらに「三矢研究」は、朝鮮での戦争開始時において、在日米軍司令官から陸海空の自衛隊の幕僚になされるべき説明として、

「日本防衛のために必要な準備作戦（哨戒、偵察、警戒、作戦準備など）については、現在すでに在日米軍司令官の指揮が承認されており、今後起こるべき日本直接防衛のための作戦についても、特別のものを除き、在日米軍が指揮する」

としていました。**この机上演習では完全に、米軍の指揮権が現実のものとなっていたのです。**

たとえば共同で軍事行動をおこなうときには、現場指揮官の配置についても米軍と協議し、第七師団長をどこへまわすかとか、護衛艦隊司令官にはだれを任命するかなどということまで、米軍と「調整」することになっていました。

「三矢研究」の「用兵に関する事項」には、新安保条約の第五条の適用を受けない事態であっても、防衛上必要と認められた場合は、日米共同作戦を実施できると書かれていました。

それは具体的には、いったいどういうことを意味していたのでしょう。

新安保条約第五条では、日本の領土内に攻撃が加えられたときは、日米が共同で作戦行動をとることになっています。

ところが「三矢研究」は、そうした領土内への攻撃がなくても、米軍と自衛隊は共同で作戦行動をおこなうことができるというのです。そこでは安保改定時に大きな問題となった新安保条約の第五条さえ、もう大きく踏みこえられてしまっているのです。

元陸上自衛隊の杉田幕僚長は、有事（戦争）になった場合、自衛隊は米軍の「傭兵（ようへい）」になってしまうと語っていました。

かつて高級参謀として軍隊を動かした経験をもつ旧日本軍幹部のあいだでは、自衛隊が米軍の指揮下で戦争するということは、当初から常識と考えられていました。
たとえば杉田一次元陸上自衛隊幕僚長は、結局、自衛隊は米軍に引きまわされる運命にあると、次のように指摘しました。

「有事〔戦争〕になった場合に、仮に日本側が総指揮官になってアメリカ軍がその指揮下に入っても、実質的には米軍の有能な指揮官に振りまわされる、また米軍が総指揮官になって、日本がその指揮下に入るということになれば、ますます向こうに引きまわされるということになって、結局、共産党やなにかが言いますように、〝傭兵〟というようなことになってくるということにもなりうる」（『日本の安全保障』日本国際問題研究所・鹿島研究所　一九六四年）

杉田氏は、戦前は旧日本軍の参謀本部員（大本営幕僚）で、戦後は東久邇宮（ひがしくにのみや）首相の秘書官をつとめ、自衛隊が発足すると北部方面副総監、同富士学校長などを歴任しており、戦争の実態をよく知った人物でした。それだけに、戦争になったら自衛隊は米軍の傭兵になってしまうというその指摘には、非常に説得力があります。

ケネディ政権では、九年前の行政協定交渉で指揮権密約の成立に力を発揮した、ラスクとアレクシス・ジョンソンのコンビが復活しました。

一九六一年にケネディ政権が誕生すると、ディーン・ラスクが国務長官に就任しました。一九五二年の行政協定交渉で、岡崎大臣を相手に粘り強い交渉をした、あのラスクです。

一九六三年一一月、ケネディ大統領はテキサス州ダラスで凶弾に倒れ、リンドン・ジョンソンが大統領に就任しますが、ラスクはジョンソン政権でもひきつづき国務長官となり、アメリカ外交に大きな足跡を残していきます。

ラスク国務長官のもとで、地位協定「二4b（にいよんびー）」による自衛隊基地の日米共同使用は、日米安保協議委員会や日米合同委員会などの密室協議を通じ

U・アレクシス・ジョンソン（1908-1997）アメリカ合衆国の外交官。駐チェコスロヴァキア大使、駐日大使などを歴任。ニクソン政権で政治担当国務次官に就任（トルーマンライブラリー）

て急速に進められていきましたが、さらにその推進役として、もうひとりの重要な役者が登場します。一九六四年に駐日大使として東京に着任したアレクシス・ジョンソンです。

アレクシス・ジョンソンは一九三五年に外交官になったとき、最初の任地が東京でした。その後、太平洋戦争が始まると捕虜になり、日米の交換船で帰国しましたが、戦後まっさきに日本に赴任して、横浜に領事館を開設したという経歴の持ち主です。

一九五二年二月に行政協定第二四条の裏側で指揮権密約が合意されたとき、彼は極東担当の副国務次官補として、交渉責任者であるラスクを補佐していました。

こうして指揮権密約をつくった国務省の非常に優秀な高級官僚が、ふたたびコンビを組んで、対日外交をとり仕切ることになったのです。

地位協定の「二4b」で自衛隊基地の日米共同使用を進めたねらいは、日米両軍の一体化を進めるところにありました。

一九六八年九月一二日、外務省でおこなわれた日米外交関係者の非公式協議で、ジョンソン大使は東富士演習場の「返還」について、日本側にきびしく問いかけました。

「日本政府は地位協定のもとでわれわれが現にもっている権利を、〔返還後も〕同じように保証できるか」と。

これにたいして牛場外務次官は、

「二4bによって、それが可能と考えている」

と応じました。

このときジョンソン大使は、

「将来も〔この演習場を米軍と〕共同使用するという原則をよく話しあっておきたい」

と念を押しています。

同年一二月二三日に開催された第九回・日米安保協議委員会では、アレクシス・ジョンソン大使が、在日米軍基地の三分の一の数にあたる五三の基地（面積では、ほぼ全体の半分の一九五平方キロ）を放出（リリース）、または転換（コンバージョン）、再配置（リロケーション）するという方針を示しました。

アレクシス・ジョンソンはこの会議のなかで、日米の安全保障にとって、両国が完全かつ無制限に協力することが重要であると強調し、東京の横田、朝霞、神奈川の相模原、座間、根岸、千葉の木更津、山梨の北富士、青森の三沢などの基地の名前をあげて、自衛隊

と米軍が共同使用することを要求しました。このとき彼が口にした米軍と自衛隊の基地は、いずれも現在、日米両軍の一体化のために、きわめて重要な機能をはたしている場所です。

地位協定はその第二条3項で、米軍が基地を使用しなくなったときはいつでも日本側に返還しなければならないと定めています。ところが、米軍は基地を使わなくなっても、「二－4ｂ」によって形だけ返還し、それを自衛隊に管理させたうえで、自分の都合にあわせていつでも使うことができるようにしているのです。

こうした米軍と自衛隊による基地の共同使用や共同演習、さらに指揮系統の共有は、指揮権密約を実行するためにどうしても欠かせないプロセスだったのです。

アレクシス・ジョンソン大使は、のちに当時をふり返って、「増強されつつあった自衛隊が米軍の役割を引きつぎ、双方の幹部間のみごとな協力関係もできあがっていった」と回想記に書いています。

アレクシス・ジョンソン大使は後日、回想記で、ベトナム戦争が激化するなかで、在日米軍基地が軍需物資の重要な集積所となったことを指摘し、次のように書きました。

「在日米軍基地は、ベトナム出撃のための主要な中継基地となっていた。**アメリカ政府は何不自由なく、在日米軍基地を使用できたのである**」

「**増強されつつあった自衛隊がそれまでの米軍の役割を引きつぎ、アメリカの施設を吸収していった。**実務レベルでは、自衛隊と在日米軍司令部のあいだに、みごとな協力関係もできあがっていった」（U・アレクシス・ジョンソン『ジョンソン米大使の日本回想』草思社　一九八九年）

緊迫する情勢のなか、ラスクとアレクシス・ジョンソンの密約コンビは、米軍基地の「返還」という見せかけの裏側で、米軍・自衛隊の一体化を進めていったのです。

ニクソン政権下で統合参謀本部議長は、「日米の軍事混合体制（ミリタリー・コンプレックス）」を提案し、当時の佐藤栄作首相はそれに対して「基本的にイエス」と答えました。

一九六九年一月にニクソン政権が誕生すると、ラスク国務長官は東京のアレクシス・ジョンソンにすぐにワシントンにもどれと命じました。それは新政権で国務次官のポストを用意していたからです。こうして民主党のジョンソン政権から、共和党のニクソン政権にかわっても、ラスクとジョンソンの密約コンビは、よりパワーアップしてつづいていくことになったのです。

同年一〇月八日、韓国と軍事協議を終えたあと日本にやってきたホイーラー米統合参謀本部議長は、佐藤栄作首相と会談し、韓国の安全保障に対して日本も軍事的役割を引き受けるよう求め、「日米両国の軍事混合体制（ミリタリー・コンプレックス）」の必要性を強調しました。

「今後のアジア戦略の展開にあたっては、日米両国の軍事混合体制でのぞみたい。さしあたり日本には、現在ハワイにある米太平洋軍総司令部が統括している指揮統制（コマンド・コントロール）システムへの参加をよびかけたい」

佐藤首相は、この要請に「基本的にイエス」と回答しました。

一方、アレクシス・ジョンソンは、基地つき・核兵器つきの沖縄返還交渉をすすめるとともに、一九七二年一二月五日にインガソル大使に対して、「**安保条約の限界をこえる非**

佐藤栄作（1901-1975)日本の官僚、政治家。内閣総理大臣として日韓基本条約批准、沖縄の基地つき・核つき返還を実現させる。死後に核持ち込みの密約が発覚する（「フォト」時事画報社）

常に微妙な政治問題を討議する機関」を設置するよう、極秘公電で指示しました。(4)

それが、日米安保協議委員会（SCC）が一九七三年一月に設置した「日米安保運用協議会」（SCG）だったのです。

この協議会は、日本の憲法や法令に違反する米軍の行動を日本政府に容認させるとともに、米軍基地の再編や強化、米軍と自衛隊の共同使用を通じて、米軍が自衛隊を指揮する体制づくりを進めていきました。「安保条約の限界をこえる非常に微妙な政治問題」とは、そうした意味をもっていたのです。

リチャード・M・ニクソン（1913-1994）アメリカ合衆国の政治家。ベトナム戦争下、第37代大統領に就任。74年、ウォーターゲート事件により引責辞任（ニクソン大統領図書館）

米軍部は、日米共同作戦のガイドラインの作成にむけて動きだしました。

このように米軍部と日本政府のあいだで公式・非公式の協議が進んでいくなかで、米軍部はついに指揮権密約の実行にむけて動きだしました。

一九七三年七月には、太平洋軍司令部が国務省の支持をとりつけたうえで、日米間の防衛・安全保障政策を調整するための枠組みとして、「日米二国間計画のための指針」を統合参謀本部に提出したのです。これが一九七八年の第一次日米ガイドライン(「日米防衛協力のための指針」)の原案となっていきます。

その翌月の八月末、田中角栄首相が太平正芳外相をともなって訪米し、前年七月末のハワイでの首脳会談につづいて、ふたたびニクソン大統領と会談します。

そのころキッシンジャー大統領補佐官は、その一ヵ月前の七月三一日に作成したトーキング・ペーパーで、日米関係の焦点が「二国間の問題」から「アジア・太平洋という、さらにグローバルな問題」に移ってきたとのべていました。

キッシンジャーはこのトーキング・ペーパーのなかで、

「日本における軍事基地が、アジアと太平洋で巨大な役割をはたす米軍の力の本質的要素である」

として、その集中と統合が地域内の不必要な紛争を避ける機能をはたしていることを田中角栄に説明するよう、ニクソンに勧告しました。[5]

キッシンジャーのいう「日本の軍事基地の集中と統合」には、司令部機能をふくめて、**米軍と自衛隊が一体化をはかるという意味もふくまれていました。**

田中角栄(1918-1993)日本の政治家。郵政大臣、大蔵大臣、通商産業大臣などを歴任し、内閣総理大臣に就任。74年、金脈問題の追及を受け辞職

そのひとつとして、米空軍が航空自衛隊を指揮していた東京の府中基地が横田基地に統合され、そこに自衛隊の航空総隊司令部が移ってきました。航空総隊は全国の航空自衛隊の戦闘部隊を指揮しており、横田基地で在日米軍を指揮する米第五空軍司令部と同じ基地内で隣接することになりました。

神奈川県の座間基地には、アメリカ本土から陸軍第一軍団司令部が駐留するようになり、陸上自衛隊の海外派兵部隊（中央即応集団）の司令部もそこに移ってきました。それぞれ航空自衛隊と米空軍、陸上自衛隊と米陸軍の統合運用を進めるためでした。第5章ではその実態をくわしく紹介します。

米軍が自衛隊を指揮して共同で戦うためには、安保条約を「柔軟に解釈」する必要があり、自衛隊法などの法律がしだいに邪魔になっていきました。

国務省の極秘覚書は新安保条約について、この条約は「きわめて柔軟な文書」であり、「それは変化する状況や必要に適応できるようつくられている」と書いています。

つまり安保条約を「柔軟に解釈する」ことによって、それまで日米間で結ばれた軍事上

ヘンリー・A・キッシンジャー（1923-）アメリカ合衆国の国際政治学者、政治家。ニクソン政権およびフォード政権期の国家安全保障問題担当大統領補佐官、国務長官を歴任（shankboneホームページ）

の取り決めに拘束されず、米軍基地の再編を進めていけばよいとアドバイスをしたのでした。

新安保条約は、第五条で日米が共同で作戦行動をとるのは、「日本の施政権の下にある領域への武力攻撃」が起こったときとしています。つまり、日本の領域または、そこに駐留する米軍が攻撃された場合です。けれども、米軍が本当に自衛隊を指揮して戦争で使いたいのは、そうしたケースではなく、米軍が日本から海外に出動したときなのです。

国務省が新安保条約を柔軟な条約だというのは、条文を改定しなくても、拡大解釈によって、そうした海外での共同作戦が可能だということを意味しています。

自衛隊を米軍の指揮下で動かすためには、日本国憲法のもとでつくられた日本の法令が、しだいに邪魔になっていきました。

たとえば、自衛隊法との関係です。

自衛隊法第三条は、自衛隊の任務として、

「自衛隊は、わが国の平和と独立を守り、国の安全を保つため、直接侵略および間接侵略に対し、わが国を防衛することを主たる任務とする」

と定めています。

しかし、これでは米軍の指揮のもとに海外で戦争をすることはできません。

さらに自衛隊法はもうひとつ、重要なことを定めていました。

それは指揮権の問題で、自衛隊法では、自衛隊の「最高の指揮監督権」をもつのは内閣総理大臣であり（第七条）、防衛庁長官が内閣総理大臣の指揮をうけて自衛隊の業務（隊務）を統括する（第八条）が、陸上、海上、航空という各自衛隊を指揮監督するのは、それぞれの幕僚長であるとしていました（第九条）。

つまり三つの自衛隊について、統一した指揮権をもつ本部機能はなかったのです。

これが最終的にどうなったかについても、第5章で見ることにします。

「自衛隊と米軍の緊急時の共同行動」のために設置されたのが、日米防衛協力小委員会でした。

一九七五年は世界の安全保障にとっても、大きな曲がり角となった年でした。この年の四月、南ベトナムの首都サイゴンが陥落し、長くつづいたベトナム戦争が終わったのです。

米軍はすでにその二年前の一九七三年にパリ協定（ベトナム和平協定）を結んで、ベトナムから撤退していました。日本でも、これで米軍はアジアからしりぞき、平和がやってくるはずだなどという希望的観測もささやかれました。

けれども実際は、米軍はアジアから撤退するどころか、軍事態勢をさらに強化し、日本の軍事的な役割に対する期待をいっそう強めていったのです。

すでにご紹介したとおり、**安保改定によって設置された日米安保協議委員会のもとには、日米の官僚と制服組によるさまざまな会議や組織がつくられましたが、なかでもとりわけ重要だったのは、日米防衛協力小委員会でした。**

一九七五年八月に、三木首相と坂田防衛庁長官、フォード米大統領、シュレンジンジャー国防長官の会談で、

「日米安保条約の目的を効果的に達成するために、軍事面を含めた日米協力のあり方を研究・協議する」

ことが合意され、それにもとづき設置されたのが日米防衛協力小委員会です。一九七六年七月の第一六回・日米安保協議委員会において、同委員会の下部組織として設置されることが決まりました。

日米防衛協力小委員会は、「日米安保条約第五条にもとづき、日米防衛協力の在り方を研究・協議する」ことを目的とし、「作戦協力の指針の作成」や、「作戦指揮権の連絡調

整」「装備・弾薬・通信システムの標準化」などをおこなうことがその任務とされました。

一九七八年につくられた「第一次ガイドライン」によって、自衛隊と米軍が共同で軍事作戦をおこなう範囲は、「日本の領土の防衛」から「周辺海空域」に広げられることになりました。

一九七八年一一月に日米防衛協力小委員会で、最初の「ガイドライン（日米防衛協力のための指針）」が決定されました。

このときのガイドラインを見ると、自衛隊と米軍は以下のような内容で合意しています。

第一次ガイドラインの要旨
陸海空における軍事作戦を共同で実施する。
あらかじめ調整された作戦運用上の手続きに従って行動する。
効果的な作戦を共同して実施するため、調整機関を通じ、作戦、情報及び後方支援について緊密に調整する。
自衛隊は日本の領域とその周辺で作戦を実施し、米軍はその作戦を支援する。

要するに、自衛隊と米軍が、作戦でも情報でも後方支援でも一体化して、日本の領土の

毎日新聞　1978年(昭和53年) 11月26日(日曜日)　(日刊)

有事の日米防衛分担、決定

米軍が侵略国制圧

核抑止力、来援兵力を保持

自衛隊、域内と周辺で防勢作戦

文革当初に

"混乱"に責任　本格的

有事における日米の防衛分担を報じる、1978年11月26日の『毎日新聞』

防衛だけでなく、「日本周辺」でも、あらかじめ調整された作戦運用上の手続きにしたがって、「緊密に調整」しながら軍事行動をおこなうということです。

この点について当時の新聞は、自衛隊が「〔日本の領域〕周辺の海空域で防勢作戦を展開する」「指揮調整所を設ける」（毎日新聞一九七八年一一月二六日）と報じました。

新聞の見出しは「有事の日米防衛分担」「侵略国制圧」ですが、「周辺で防勢作戦」は米軍と自衛隊が日本の外へ出撃することを意味します。

自衛隊は米軍と「調整する」といいますが、実質的には米太平洋軍司令部の指揮のもとで行動することになります。政府はもちろん否定しますが、自衛隊は実態においてあきらかに米軍の指揮下にあります。

日米両国政府が自衛隊と米軍の関係について書いた文書では、「調整」という言葉がたくさん出てきます。

「調整」といえば、なにか対等の立場にあるものが、互いに譲り合い、折り合いをつけて合意するようなイメージがあります。もちろん日本政府は、自衛隊は米軍の指揮を受けるとは、口が裂けても言いません。

けれども戦場における軍と軍の関係では、そんなことはありえません。調整所は指揮命令所となる可能性がきわめて高く、軍事力や情報の勝る軍隊の司令官が他の軍隊を指揮することになります。

自衛隊は誕生したときからずっと米軍の指揮下にあります。しかも日本の防衛省のカウンターパート（協議の相手）は、アメリカの国防総省ではなく、米太平洋軍です。ですから自衛隊には、米軍の意向に徹底的に従属し、その指揮にしたがう本質が当初から存在し

ているのです。

米軍と自衛隊の関係について、砂川事件、恵庭事件、長沼訴訟、百里訴訟など、数々の裁判で明らかにしてきた内藤功弁護士は、ガイドラインが、

「自衛隊および米軍は、緊密な協力の下に、それぞれの指揮系統に従って行動する」

とのべていることについて、「共同司令部以外のなにものでもない」と次のように指摘しています。

「だから、自衛隊と米軍はバラバラに行動するのだとでもいうのだろうか。そんなことはもちろんありえない。もっとも、米軍は米軍として指揮系統をもち、自衛隊は自衛隊の指揮系統をもっているのは当然である。その自衛隊が丸抱えで米軍との『緊密な協力』のもとにおかれているのであり、『あらかじめ調整された作戦運用上の手続きに従って行動する』のである」（内藤功『朝雲の野望』大月書店　一九八三年）

実際、日米双方の軍隊が共同の行動をとるためには、二つの軍隊がそれぞれ別々の指揮によって動いてはならないのです。バラバラに指令が出されていては、緊密な共同行動など望めません。指令の出所は一ヵ所でなければならないはずです。

第一次ガイドラインには、日本の施政権下にない「極東」においても、自衛隊と米軍の共同作戦を協議することが書きこまれました。

それでは、いったい米軍と自衛隊はどこで共同作戦をおこなうのでしょうか。

それは「極東」です。

第一次ガイドラインは、

「日本以外の極東における事態で、日本の安全に重要な影響をあたえる場合の日米間の協力」

という項目をたて、つぎのようにのべています。

「日米両国政府は、情勢の変化に応じ、随時協議する」

日本の施政権下にはない「極東」で、自衛隊が米軍と共同作戦をおこなうために随時協議することを、日本はガイドラインで約束したのです。

米軍は新安保条約第六条の「極東条項」を根拠として、現実にアジア太平洋地域や中東・アフガニスタンなど、世界規模で日本から出撃しています。

一九七八年のガイドラインに書かれた、

「日本以外の極東における事態での日米間の協力」

という項目の意味は、米軍の指揮下で、同じように世界規模で自衛隊が行動することを意味しています。

日米の制服組がひそかに共同作戦計画を作成しはじめ、首脳会談では「日米は同盟関係にある」との共同声明が出されました。

第一次ガイドラインがつくられたあと、日米の制服組は一九八〇年六月に、ひそかに具体的な共同作戦計画をつくりはじめました。

同月五日付の朝日新聞夕刊は、

「現在、防衛庁統合幕僚会議事務局と横田の在日米軍司令部〔司令官、ウイリアム・ギン空軍中将〕との間で、土、日曜を除いて、ほぼ連日会議を開いて〔日米共同作戦計画の作成作業を〕進めている」

と報じました。

この記事では、それは「ソ連の北海道侵攻を想定」した作業となっていますが、実際に協議されていたのは「極東有事への対応」でした。

この年の五月、鈴木善幸首相が訪米し、レーガン大統領と「日米両国は同盟関係にある」と明記した共同声明に調印しました。

それまでも、日米両政府は非公式・非公開の事務レベルの協議を重ね、自衛隊も米軍との共同演習をくり返してきましたが、日本はついに米軍を軍事支援することを、軍事同盟の義務として首脳会談の共同声明で確認したのでした。

鈴木・レーガン共同声明に「周辺海域防衛」「一〇〇〇カイリ・シーレーン防衛」が明記されたのは、その結果でした。米軍と自衛隊は、「日本の周辺＝国外」においても軍事行動をおこなうことが、日米両国の首脳によって確認されたのです。

こうした日米の軍事同盟への動きは、次の中曽根政権のもとで大きく加速していくことになります。

鈴木善幸（1911-2004）日本の政治家。郵政大臣、農林大臣などを歴任し、内閣総理大臣に就任。日米の軍事同盟関係を日米共同声明で約束した（creative commonsホームページ）

ロナルド・W・レーガン（1911-2004）アメリカ合衆国の政治家。カリフォルニア州知事、第40代大統領を歴任。ソ連を「悪の帝国」とよんで非難した（米国防総省ホームページ）

中曽根康弘（1918-）日本の政治家。運輸大臣、防衛庁長官、通商産業大臣などを歴任し、内閣総理大臣に就任。レーガン大統領と親密な関係を築く（米国防総省ホームページ）

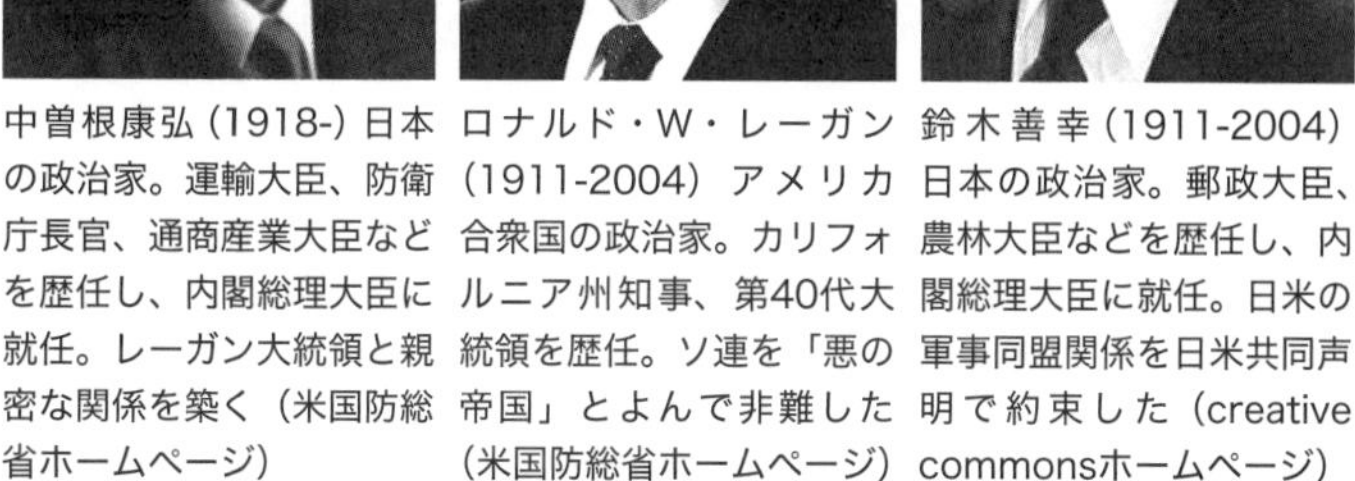
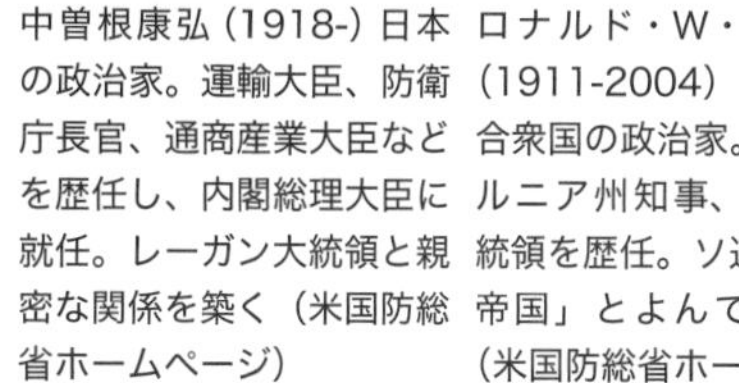

一九八三年の日米首脳会談で、「日米は運命共同体」であることが確認されました。第一次ガイドラインにもとづき、日米の共同演習が実行されていた現実を反映したものでした。

中曽根康弘首相は一九八三年早々、レーガン大統領との会談で「日米は運命共同体」であることを、互いに確認しあいました。

訪米中、中曽根首相は「ワシントン・ポスト」のインタビューに応じて、

「日本列島は不沈空母（ふちんくうぼ）だ」

「〔米ソ戦では〕四海峡を封鎖する」

とのべています。

不沈空母とは、日本列島全体が米軍の出撃基地になるという意味です。四海峡封鎖は自衛隊が米軍の対ソ連作戦の一翼を担うということです。

当時、日本の世論は、「運命共同体」や「不沈空母」という首相の発言に仰天しました。けれどもそれらは、第一次ガイドラインにもとづいて、自衛隊が米軍を支援して共同で軍

事行動をおこなう計画がつくられつつあった現実を反映したものにすぎませんでした。

日米安保協議委員会は、「第二次朝鮮戦争」において自衛隊がアメリカ軍を支援するという「極東有事研究」の共同作業を、すでにその前年の一九八二年一月に始めていたからです。

日米共同演習が急速に増え、拡大していきました。

一九七八年のガイドラインが、

「「極東」における事態で、日本が米軍に便宜供与をする」

「そのために協議し、研究する」

ときめたことで、その後、米軍と自衛隊の共同演習が積み重ねられていきました。

自衛隊は、前身の警察予備隊が占領軍の命令によって誕生したそのときから、米軍から軍事訓練をうけ、米軍のマニュアルを使い、アメリカ製の兵器で武装してきました。けれども**米軍が、言語も指揮系統も異なった自衛隊を、実際の戦争でみずからの指揮のもと使えるようにするためには、実際の戦場を想定した共同演習をくり返しおこなう必要があります。**

日米共同訓練「ヤマサクラ」。共同作戦のための連携要領について綿密な調整をおこなう（自衛隊ホームページ）

日米間では、一九七八年の第一次ガイドラインの作成後、事務レベルの協議がさかんにおこなわれるようになり、その結果、日米共同演習も活発になりました。

陸上自衛隊は、第一次ガイドラインの作成と歩調をあわせる形で、米陸軍の図上作戦演習や沖縄の上陸演習に将校を参加させるようになり、その後は米陸軍や海兵隊と、系統的に共同演習をくり返しています。一九八二年二月には、最初の日米共同指揮所演習「ヤマサクラI」がおこなわれ、さらに同年六月には実動演習「ヤマサクラII」がハワイで実施され、海外における地上部隊の日米共同演習が実施されることになりました。

「ヤマサクラ」とは、在日米陸軍の部隊章にあしらわれている富士山（ヤマ）と、陸上自衛隊のシンボルである桜（サクラ）をかけあわせたものです。[6]

陸上自衛隊と米陸軍が「それぞれの指揮に従い、共同して作戦を実施する」というのが建前なのですが、実際はそれぞれの指揮系統を前提としながらも、ヤマ（米軍）がサクラ（自衛隊）を従えて作戦するためには、このような共同演習をくり返す必要があるわけです。

航空自衛隊は、一九七八年春にはパイロットのアメリカ国内での戦技（空中戦、対地支援攻撃）訓練について日米両国で合意しました。第一次ガイドラインが制定される直前の同年九月からは、日米航空共同演習「コープ・ノース」を毎月一回つづけ、八三年には初の米空軍と航空自衛隊の日米共同指揮所演習がおこなわれました。

海上自衛隊は一九八〇年にはじめて米海軍主催の多国間海上演習「リムパック」に参加し、米海軍の指揮下で行動しました。

米軍は、日米両軍の指揮を統一するために、広いレベルで連絡をとりあう必要があると主張しました。また、湾岸戦争でアメリカは日本に「血を流す貢献」を要求し、自衛隊は掃海艇をペルシャ湾に派遣しました。

米軍はなぜ自衛隊との共同演習を重視するのでしょうか。

ウイリアム・ギン在日米軍司令官は一九八〇年四月一四日、東京での講演のなかで、

「日米防衛協力のための指針（ガイドライン）は、軍部対軍部レベルの双務的防衛計画作業の基礎をあたえた」

として、将軍と将軍のレベルだけでなく、軍曹と軍曹までも、つまり上級から下級までのあらゆるレベルで、指揮の一本化が進んでいることを次のような言葉で表現しました。

「**われわれは、この最終的な成果を得るために長い道のりをたどってきたが、実質的な前進はすでになしとげられた。**米軍と自衛隊のメンバーたちは、日ごとに――それも、将軍対将軍、大将対大将というレベルだけでなく、大尉対大尉、軍曹対軍曹のレベルでも、連絡をとりあい、ともに研究をすすめ、作業をおこなっている」

一九九〇年代に入ると、自国の戦争で日本の部隊を支援部隊として使いたいという米軍の欲求はいよいよ強くなりました。

一九九〇年八月にイラクのフセイン政権が隣国クウェートを侵略して湾岸危機が起きると、アメリカは「血を流す貢献を」という言葉で、日本に自衛隊の派兵を求めてきました。

当時の海部内閣は九〇億ドルという大金を出したものの、「小切手外交」とアメリカなどから批判され、結局、自衛隊の機雷掃海艇をペルシャ湾に派遣しました。

このときのアメリカの要求は、とにかく何がなんでも自衛隊を海外に派兵せよということだったのです。

ソ連崩壊で安保条約も日米軍事協力も理由がなくなったあと、米国防総省はそれらにかえて、「地球的規模での役割」や「軍と軍の結合」を強調するようになりました。

一九九一年にソ連が崩壊すると、米軍が日本に駐留する理由はなくなりました。ソ連の侵略に備えると言って自衛隊を増強してきた根拠が、完全に失われることになったのです。

ところが、アメリカはイラクのクウェート侵略で始まった湾岸戦争を利用して、日本に対してもいっそう大きな軍事上の分担を要求してきたのでした。

国防総省・国際安全保障局が一九九五年二月二七日に発表した「東アジア・太平洋地域に対する安全保障戦略」は、日米関係を地球的規模の安全保障政策にとって、必須のものだと強調していました。

「日本の新しい地球的規模の役割には、地域的、世界的な安定への、より大きな役割が含まれる」というのです。

つまり、米軍は冷戦終結によって本当はアジア諸国に駐留する理由がなくなったにもか

かわらず、そのことを否定し、自分たちは「世界の安定のための新しい地球的規模の役割」を、日本とともにはたす必要があるのだと言って、日本に居座りつづけたのです。

「指揮権密約」関連年表　1961〜1996年

1961年6月20日	池田首相・ケネディ大統領会談。原潜寄港など協議
1962年11月1日	防衛施設庁発足
1963年2月1日	統幕が三矢作戦研究作業開始、6月13日 図上演習
6日	ギルパトリック米国防次官来日、自衛隊増強要求
10月10日	第4回日米安保協議委員会「極東の安全」を強調
1964年8月2日	トンキン湾事件
28日	米原潜寄港を承認、11・12シードラゴン佐世保入港
1965年2月7日	米軍、北ベトナム爆撃開始
10日	三矢作戦研究、衆議院予算委員会で暴露
6月22日	日韓基本条約調印
1967年3月29日	札幌地裁、恵庭事件で憲法にふれずに無罪判決
1968年1月19日	米原子力空母エンタプライズ、佐世保寄港
1969年7月25日	ニクソン大統領　グアム・ドクトリン
11月21日	佐藤・ニクソン共同声明（安保条約継続）
1970年6月23日	安保条約自動継続
10月20日	第1回防衛白書発表
1972年1月7日	佐藤・ニクソン共同声明、基地の集中統合
2月8日	第4次防衛力整備計画（4次防）
1973年1月23日	第14回日米安保協議委員会、基地統合（関東計画）

9月7日	札幌地裁、長沼ナイキ訴訟で自衛隊違憲判決
1976年7月8日	防衛協力小委員会（ＳＤＣ）設置
8月5日	札幌高裁、長沼ナイキ訴訟で逆転判決
1977年8月10日	防衛庁、有事法制研究を開始
1978年11月27日	航空自衛隊、初の日米共同演習
27日	日米安保協議委員会、第1次日米ガイドライン
1980年2月26日	海上自衛隊、リムパックに初参加（～3・18）
1981年5月8日	鈴木首相、レーガン大統領と「同盟関係」の共同声明
10月1日	陸上自衛隊、初の日米共同訓練（東富士～10・3）
1982年2月15日	陸自、初の日米指揮所訓練（滝ケ原～2・19）
1983年12月12日	航空自衛隊、初の日米共同指揮所演習（府中～12・15）
1984年6月11日	海上自衛隊、初の日米共同指揮所演習（横須賀～6・15）
1985年9月18日	「中期防衛力整備計画」（中期防）閣議決定
1986年2月24日	初の日米共同統合指揮所演習（～2・28）
10月27日	初の日米共同統合実動演習（～10・31）
1990年10月16日	自衛隊の多国籍軍参加法案を国会提出、11・10廃案
1991年1月17日	米軍主導の多国籍軍がイラク空爆開始
24日	多国籍軍に90億ドル支援。4・24掃海艇派遣を決定
1992年6月9日	自衛隊ＰＫＯ派遣法案に野党が〝牛歩〟で抵抗
9月17日	自衛隊施設大隊、カンボジアへ出発
1995年2月27日	米国防総省「東アジア安全保障戦略」
1996年4月17日	日米安全保障共同宣言

第5章
米軍は自衛隊を地球的規模で指揮する
1997年〜現在

ここまで歴史をたどってきたとおり、日本の占領終結から60年以上の時をかけて、指揮権密約を実行するための環境が少しずつ整えられてきました。

　そしていま、ついに自衛隊が米軍の指揮のもと、海外で戦争をする日が近づいています。けれどもまだ、あきらめる必要はないのです。

2015年8月30日、安保関連法案の強行に反対して国会前に集まった人たち（共同通信社）

一九九七年に第二次ガイドラインがつくられ、日米の軍事協力は地球的規模に拡大することになりました。

冷戦が終わったにもかかわらず、指揮権密約を実行するための「仕掛け」は、なくなるどころか、さまざまなかたちで「進化」していきました。

なかでも注目すべきは、第四章で見た日米安保協議委員会と、その下部組織である日米防衛協力小委員です。このふたつの組織によって、日米の軍事的一体化の「バイブル」である、「ガイドライン（日米防衛協力のための指針）」がつくられているのです。

記憶に新しいところでは、二〇一五年四月にニューヨークで開かれた日米安保協議委員会で合意された「第三次ガイドライン」があります。その内容を実行できるようにするために同年九月、安倍政権は安保関連法案を国会で強行採決しました。それに反対する市民たちの大規模なデモは、近年の政治シーンのなかでも最大の出来事だったといえるでしょう。

この章では、今後、その安保法案の成立によって、指揮権密約はどのようにして、またどの地域で実行されようとしているのかについて、見ていくことにします。

一九六〇年に結ばれた新安保条約の第四条には、日米は、「極東における国際の平和及び安全に対する脅威が生じたときは、いつでも協議する」と書かれています。すでに見たとおり、この条文の背後には指揮権密約が隠されています。「極東」に対する軍事的脅威に対しては、自衛隊が米軍の指揮下で戦うことが合意されているわけです。

ところが一九九〇年代に入ると、その新安保条約をまた改定しなければならないほどの新たな状況が生まれました。

現在、米軍が戦争している相手は、もはやベトナム戦争のときのようなアジアの国だけではありません。二〇〇〇年代に入ってからは、中東のイラクやアフガニスタンでの戦争が世界の話題を集めてきました。

いまやアメリカは地球上のあらゆるところに軍隊を配備し、軍事活動を強化しており、日本列島は全体がその重要な出撃基地になっています。アメリカはそうした世界中の戦争に、自衛隊を参加させたいと考えているのです。

ビル・クリントン（1946-）アメリカ合衆国の政治家。第42代大統領。ジョセフ・ナイを国防次官補に起用して日米安保の地球的規模の役割へ新たな定義をした（米国立公文書館）

一九九六年四月にクリントン大統領と橋本首相が署名して、「日米安保共同宣言」を発表しました。そこに書かれた内容と意味について、一橋大学名誉教授の都留重人（つるしげと）氏は、つぎのように指摘しています。

「この「共同宣言」では、「極東条項」的発想はまったく影をひそめ、「日本周辺地域」と言ったり、「アジア・太平洋地域」と言ったりしたあげくのはて、最後には、「首相と大統領は、日米安保条約が日米同盟関係の中核であり、**地球的規模の問題**についての日米協力の基盤たる相互信頼関係の土台となっていることを確認した」とまでエスカレートしたのである」（都留重人『日米安保解消への道』岩波新書　一九九六年）

こうした変化にしたがって、指揮権密約もその対象が、地球的規模に広げられることになりました。

一九九七年六月七日、ハワイのホノルルで開催された日米防衛協力小委員会では、米軍と自衛隊の共同演習の強化とともに、両国間の調整メカニズムを普段から構築しておくこと、「周辺事態」に際して日米両国が相互支援のための活動をおこなうことが決められま

橋本龍太郎　（1937-2006）運輸大臣、大蔵大臣、内閣総理大臣などを歴任。クリントン大統領との首脳会談で普天間基地返還の見返りに、辺野古の新基地建設で合意（米国防総省ホームページ）

した。

防衛協力小委員会におけるこのような確認のうえに、同年九月の日米安保協議委員会で、第二次ガイドライン（「日米防衛協力のための指針」）が合意されることになりました。

このガイドラインでは、「周辺事態」における自衛隊の活動として、米軍と自衛隊による「包括的な調整メカニズム」が構築され、これにもとづき防衛庁の中央指揮所には、共同調整所が設けられました。

政府もこの一九九七年のガイドラインを実行するための法律として、「周辺事態法」をつくり、二年後に成立させました。

国会の法案審議では、「周辺」とはいったいどこなのかということが問題になりましたが、政府は「周辺は地理的概念ではない」とのべて、具体的な地域を限定することはありませんでした。

すでに湾岸戦争で自衛隊の派兵を実現していたアメリカは、米軍司令官の指揮下で自衛隊を地球的規模で使うことを構想していたのです。

一九九七年の第二次ガイドラインは、すべて制服組によってつくられたものでした。

一九九七年のガイドラインには、第一次ガイドラインとちがう大きな特徴がありました。それは、この二度目のガイドラインが、ほとんど制服組（武官）によってつくられたものだということです。

一九七八年に最初のガイドラインがつくられたあと、それにもとづく日米の具体的な共同作戦計画をつくる仕事は、米軍と自衛隊の制服組将校たちの手にゆだねられることになりました。

一九八二年の一月から日米安保協議委員会が極東有事研究を始め、これについては当時、新聞でも大きく報道されました。

一九七八年のガイドラインをつくったとき、当時の福田内閣は、日米共同作戦計画の研究については防衛庁長官に一任するという閣議了解をおこなっていました（同年一一月）。これをうけて日米の制服組は、一九九七年のガイドラインを自分たちだけでつくっていったのです。

「冷戦の終結により、日本に対する軍事的脅威は明瞭に低下した」と、軍事の専門家たちがのべています。ソ連の脅威がなくなり、政府は日米同盟や自衛隊の新たな理由づけに苦しむことになりました。

日米政府が一九九七年の第二次ガイドラインをつくったとき、国際情勢は一九七八年のころとは大きく変わっていました。

すでにソ連は崩壊しており、その侵略に備えるという理由がなくなったため、日本政府は他国の軍隊が国内に駐留し、共同で軍事演習をおこなう「日米同盟」について、合理的な説明をすることが難しくなりました。

海上幕僚監部の山口透一等海佐は、

「**冷戦の終結によって我が国に対する軍事的脅威の水準は、冷戦時代に比して明瞭に低下している**[1]」

と書いています。

ではそうした時代における自衛隊の役割は何なのか。

山口一佐は、一九九七年の総理府世論調査（複数回答）で自衛隊の目的は、国の安全の確保五六・六%、国内の治安維持二五・七%に対して、災害派遣六六・九%、国際貢献二五・〇%、民生協力九・三%となっているという数字をあげました。

国民が自衛隊に求めていたのは、「安全確保」より、「災害派遣」のほうが多いのです。自衛隊を支持する世論のこの傾向は、基本的にいまも変わりません。

そのうえで山口一佐は最後の三つ〔災害派遣、国際貢献、民生協力〕は、「自衛隊以外の組織でも実行可能な機能」と指摘しました。もしそうなら、なにも自衛隊が重火器や装甲車などで重武装して、海外に出て行く必要はありません。

そこで自衛隊の新たな任務として登場したのが、「海外の安全保障」だったのです。

9・11同時多発テロのあとに始まったアフガニスタン戦争やイラク戦争のなか、自衛隊はイラクに派遣され、米兵の輸送や燃料の供給など、海外での米軍への軍事支援をおこなうことになりました。

二〇〇一年にアメリカで9・11同時多発テロが起きました。ニューヨーク市のツインタワービルやワシントンDC近郊のペンタゴン(国防総省)に航空機がつっこみ、大勢の人が犠牲になりました。

それからまもなくバージニア州のペンタゴン近くで暮らした私は、アメリカ社会のピリピリした緊張ぶりを実感しました。

米軍は同時多発テロを起こしたアルカイダの根拠地があるとして、アフガニスタンに攻めこみ、それからいまもなおつづく長い戦争が始まりました。

そして二〇〇三年には、米軍がイラクに侵攻します。

当時、ブッシュ政権と米軍部は「対テロ戦争」という名目のもと、日本に対しても、その支援を「日米同盟」の義務として要求してきました。

けれども米軍が攻撃するのはテロ勢力だけではありません。ニュースでは、米軍の軍用機が「誤爆」によって一般の民衆を殺害したということがよく報じられています。**ひどい場合は結婚式の会場を誤爆して、多数の善良な市民を殺害しています。そのようにして米軍とその支援勢力は、みずからが新たな敵をつくりつづけているのです。**

この時期、アーミテージというブッシュ政権の国務副長官が、ガイドラインの再々改定を日本に要求しました。

「ガイドラインの改定は、（略）太平洋をまたぐこの〔日米〕同盟で、日本がはたす役割についての上限（シーリング）ではなく、下限（ボトムライン）を示すものだ」

ジョージ・W・ブッシュ（1946-）アメリカ合衆国の政治家。第43代大統領。9・11同時多発テロをうけ、アフガン戦争とイラク戦争を開始した（米国防総省ホームページ）

「日本が集団的自衛権を禁止していることは、同盟国の協力にとって制約となっている。この禁止条項をとり払うことで、より密接で、より効果的な安全保障が可能になるだろう[2]」

これはまさに、集団的自衛権を行使できるように憲法解釈を変えろ、という要求です。二〇一五年に私たちが国会で目にした混乱の原因は、すでにこのころから始まっていたのです。

米軍と自衛隊が一体となり、同じ目標にむかって出撃してゆくことを政府が文書で約束しました。

二〇〇四年一月、航空自衛隊はイラクの戦場に武装した米兵を運ぶために、クウェートに向けて出発しました。さらに翌二月、日本はイラクに陸上自衛隊を派兵します。陸上自衛隊のイラク派兵や航空自衛隊による米兵の輸送などは、あきらかなイラク戦争への加担であり、同時にアメリカが長年日本に実行させようとしつづけていた指揮権密約の予行演習ともいうべきものでした。

リチャード・アーミテージ（1945-）アメリカ合衆国の軍人、政治家。日米同盟関係における日本の役割拡大、そのための集団的自衛権行使、憲法九条の改定を求めた（ホワイトハウスホームページ）

この年の一一月には、「防衛力の在り方検討会議」の「まとめ文書」が発表されています。これは現在の防衛力整備大綱の基礎をなすもので、陸海空の各自衛隊の将来の体制を示した文書でした。

イラク南部サマワ市内で、砂漠を走る陸上自衛隊派遣部隊の車列（共同通信社）

陸上自衛隊は長らく、わが国に上陸してくる外国軍と戦うことを前提として、編成・装備・訓練などが組み立てられてきました。

けれどもこの文書によると、ソ連の崩壊によって外国軍の上陸の可能性は少なくなったため、戦車や火砲を削減し、普通科（歩兵）を中心に強化をはかるとしました。そして、各地域に配備する機動運用部隊や専門部隊を、中央で管理・運用し、一元的な指揮のもとに、非常事態が発生したときに各地に部隊を派遣することになっていました。

こうして自衛隊の役割が、「国内での防衛戦」から「軍事力の派遣」へと、大きく変えられることになったのです。

翌二〇〇五年一〇月二九日に、日米両政府は米軍と自衛隊のさらなる一体化について明確に合意した基本文書「日米同盟：未来のための変革と再編」を発表しました。

そのなかでは米軍と自衛隊が、司令部を同じ場所に設置して緊密に共同し、同じ基地に駐屯して生活をともにする。そして共同訓練と共同演習を頻繁に実施し、同じ基地から、同じ目標にむかって出撃していくという一体化の方向が政府間で合意されたのでした。

しかし、その実態は一体化というよりもさらにひどく、自衛隊がほとんど米軍に吸収され、その一部になってしまうことを意味していたのです。


横田基地には自衛隊航空総隊が、キャンプ座間には陸上自衛隊の海外派兵部隊を指揮する中央即応集団司令部が移駐し、日米両軍の司令部の一体化が急速に進められました。


米軍が自衛隊を指揮するうえで、まず重要なのは司令部機能の統合です。

在日米軍司令部のある横田基地には、二〇〇六年に地下施設「共同統合作戦調整センター」がつくられました。このセンターは、軍事衛星や高性能レーダーを駆使する指揮・通信・統制の中枢拠点であり、米軍と自衛隊が情報を共有し、有事の共同作戦や部隊運用を「調整」することによって、米軍と自衛隊の一体化を進めることが目的でした。

二〇一二年三月には、在日米軍司令部の隣に「日米共同運用調整所」が設置されました。これは航空自衛隊と米空軍による弾道ミサイル防衛（BMD）の拠点です。

共同運用調整所については、『朝日新聞』（二〇一五年一二月二〇日）が次のように報じています。

「地下室は、在日米軍司令部と地下通路で結ばれている。秘密を取りあつかえる電話やパソコンが置かれた座席は約六〇席。正面の壁に、四枚の巨大なスクリーンがすえつけられ、日本各地のレーダー、日本海や東シナ海に展開するイージス艦などから日米の部隊が集めた東アジア一帯の情報が、リアルタイムで映しだされる」

横田基地には、在日米軍司令部と米第五空軍司令部が同居しています。そしてそこに、全国の航空自衛隊を指揮する航空総隊(注)司令部が二〇一四年に府中から移ってきました。こうして私たちが知らないあいだに、日米の司令部機能の統合は、急ピッチで進んでいるのです。

一方、神奈川県のキャンプ座間（ざま）には、米陸軍・第一軍団司令部が移ってきて、同軍団の前方司令部が発足しました。

キャンプ座間には、かつて冷戦時代から第九軍団司令部という部隊が駐留していました。

それが廃止され、代わりに第一軍団が移ってきたのは、実は在日米軍における大変革のひとつでした。第九軍団は作戦部隊をもたない司令部だけの組織でしたが、第一軍司令部はいざとなれば予備役五万人をふくむ約一〇万人を動員できるといわれているからです。

そして、さらにそこに自衛隊の中央即応集団司令部が移ってきました。中央即応集団は、第一空挺団特殊作戦群、第一ヘリコプター団、中央即応連隊、中央特殊武器防護隊、対特殊武器衛生隊、国際活動教育隊などの部隊で構成される海外派兵専門部隊です。

米陸軍・第一軍団司令部は、作戦・指揮管制を専門にする司令部で、その中核に最新の「陸軍戦闘指揮システム」を備えたコマンド（指揮統制）・センターが新設されました。

このコマンド・センターの部屋は、世界中のコマンド・センターとつながっており、各部隊の展開を指揮することができます。

実はキャンプ座間は日米の戦争司令部の中枢になっていると、『平和新聞』（神奈川県版二〇一六年一〇月一五日号）は伝えています。

というのは、キャンプ座間の第一軍団司令部は、近くの米陸軍・相模補給廠（しょう）に戦闘訓練センターを設けていて、そこでキャンプ座間に移転した陸上自衛隊の中央即応集団司令部と「フェイス・ツー・フェイスで（向かい合って）」地上戦を指揮する体制をつくっているからです。

（注）**航空総隊**　航空戦闘任務を与えられている第一線実働部隊。航空自衛隊の各部隊の総力が結集されている。航空総隊は、航空総隊司令部、航空方面隊その他の直轄部隊で編成。航空方面隊は、航空方面隊司令部、航空団、航空管制団及び高射群とその他の直轄部隊により編成されている。
（防衛日報社『自衛隊年鑑』二〇一五年版より）

日本各地の基地で、日米両軍の司令部機能の一体化が進められています。沖縄だけでなく、本土全体が、海外への出撃拠点として強化されつつあるのです。

さらに政府は今後、中央即応集団を廃止し、東京都と埼玉県にまたがる朝霞（あさか）駐屯地に「陸上総隊」という名前の新しい司令部をつくり、それを陸上自衛隊の全部隊を指揮する「統一作戦司令部」にする作業が急ピッチで進められています。

米陸軍第一軍団が座間に移ってきたことを受け、そのパートナーとなるべき統一司令部をつくって、日米が一体となって海外で戦争をするための体制をつくろうとしているのです。

一方、神奈川県の横須賀基地では一九八九年以来、米第七艦隊と海上自衛隊艦隊の一体化が進んでいます。横須賀市船越の自衛艦隊司令部から、米第七艦隊司令部のおかれている横須賀基地の旗艦ブルーリッジへ、つねに調整官が派遣されています。

また長崎県の佐世保基地は、米軍が海外でもっている唯一の強襲揚陸艦部隊の前進基地です。イラク戦争では、佐世保を出港した強襲揚陸艦エセックスが、沖縄で海兵隊を積み、イラクに出動しました。そしてイラクで海兵隊は、激戦地ファルージャで住民虐殺の先頭にたちました。

同基地の米海軍と自衛隊の基地が集中する崎辺(さきべ)地区では、大型護衛艦やヘリ空母「いずも」が接岸できるような、自衛隊の水陸両用部隊の駐屯地の建設が進んでいます。

辺野古(へのこ)の新基地建設の目的は、普天間(ふてんま)基地の移設などではありません。共同訓練をした米軍と自衛隊の兵士たちを、オスプレイとともに強襲揚陸艦に積んで、世界中の戦場に送るために必要な基地なのです。

そして問題の辺野古です。二〇一七年二月に来日したマティス米国防長官は安倍首相との会談で、「二つの案がある。一に辺野古、二に辺野古だ」といいました。辺野古に新基地をつくることが、なぜ米軍にとってそれほど必要なのでしょうか。

新基地は耐用年数二〇〇年といわれ、滑走路が二本つくられ、岸壁の長さは二七一・八メートル。全長二五七メートルの強襲揚陸艦が、暴風時でも安全に係留できる長さだといわれています。

こうした事実を見ると、沖縄県民をはじめ全国で多くの人びとが反対しているのに、なぜ辺野古の美しい海を埋め立てて、米軍の新基地建設を強行するのか、その本当の理由が「普天間基地の移設」などではない、アメリカが新たな戦争をするための体制づくりにあることがわかります。

防衛省は辺野古に陸上自衛隊員を常駐させる計画です（「琉球新報」二〇一五年四月一日）。河野統幕長は、辺野古新基地の建設や、それに接するキャンプ・シュワブの日米共同使用により、米海兵隊と陸上自衛隊の協力が深まるとダンフォード米海兵隊司令官に語っています。

米軍と自衛隊を、オスプレイとともに強襲揚陸艦に積んで、中東をはじめとする世界中の戦場に運ぶには、深い水深をもつ大浦湾に面した辺野古に基地をつくるしかないと考えられているのです。

二〇一五年一二月におこなわれた日米統合演習「ヤマサクラ69」では、沖縄の第三海兵遠征軍と陸上自衛隊が相互運用の訓練をしました。このように、すでに本土の自衛隊と沖縄の米海兵隊は一体となって、軍事訓練をおこなっているのです。

文民統制（シビリアン・コントロール）の原則が壊され、制服をきた軍人がまた大きな力をもつようになってきました。

ガイドラインにもとづく日米の軍事的一体化の体制づくりは、制服組の軍人（武官）たちが主導して進められてきました。

なぜそうなるのか。第四章では、三度のガイドラインをつくった日米防衛協力小委員会が、どういう人たちをメンバーとしているのか、そしてそのもとでどのようにして、さまざまな組織がつくられ、国民が知らないうちに軍事的な問題を処理する仕組みがつくられてきたかを見ました。

日本国憲法が第六六条で「内閣総理大臣その他の国務大臣は、文民でなければならない」と定めているのは、戦前、軍人が政治を支配したために、日本がアジア諸国の侵略から、やがて世界の国々を相手に戦争することになった苦い教訓があるからです。

法学協会編『註解日本国憲法』は、このことを次のように説明しています。

「かような規定を挿入したのは、わが国の従来の内閣が、しばしば軍人をもって構成され、とくに陸海軍大臣は〔現役の軍人に限るとした〕武官制を建前とし、これが、軍の威力を背景として強力な地位を占め、わが国を軍国主義化せしめるにいたった弊にかんがみ、今後、平和主義的文化国家として再建をめざすにあたって、かような轍をくり返さないことを期するためである」（法学協会編『註解日本国憲法』有斐閣　一九五三年）

陸海空軍その他の戦力を保持しない、国の交戦権は認めないと定めた憲法のもとでは、自衛隊は、最高指揮官が内閣総理大臣で、総理大臣が任命した防衛大臣（以前は防衛庁長官）のもとに、陸海空の自衛隊がそれぞれ別個に存在しており、それぞれの幕僚長のもとで指揮系統がつくられていました。そして必要があるときには、統合部隊を編成して、統合幕僚会議議長が総理大臣の命令を執行する形になっていました。

一九八一年になっても、『朝日新聞』（一九八一年二月八日）は「旧軍の政治支配を反省」という見出しで、

「わが国の『文民統制』の特色は、防衛庁内局（文官）と制服組（武官）との関係において、内局〔文官〕の権限が強いことである」

「防衛庁の方針はいっさい、内局の参事官会議で決定される建前になっている」

そのような体制が、戦後長らくつづいてきたのです。

けれどもいま、私たちがよほどしっかり監視していないと、そうした「戦後日本」の常識はすぐに過去のものとなり、また戦前のように、いつのまにか軍人が政治を動かすようになってしまう危険性が高まっているのです。

米軍と共同作戦ができるように、陸海空の自衛隊が「統合運用」されるようになりました。

以前は陸海空の三つの自衛隊の上部組織として、「統合幕僚会議」が置かれていましたが、その議長（統合幕僚会議議長）には各自衛隊を指揮する権限はありませんでした。ところが、自衛隊が米軍と共同で作戦行動をおこなう必要から、二〇〇六年にその「統合幕僚会議」が「統合幕僚監部」に代わり、大幅に権限が強化されて、長年つづいてきた文民統制の原則がくずされることになりました。

まず「統合幕僚会議議長」という役職がなくなり、「統合幕僚長（統幕長）」に変わりました。陸海空の各自衛隊に別々に存在していた、作戦運用をおこなう「幕僚監部」のスタッフも、「統合幕僚監部（統幕）」の運用部である「防衛計画部」に統合されました。

つまり陸上、海上、航空の各幕僚監部のうえに「統合幕僚長」というポストを新設して、そこがすべての自衛隊を一元的に指揮できるようにするという大転換が強行されたのです。

これこそが、制服組が中心になってすすめてきた自衛隊の「統合運用」のめざす形でした。

この変化がもつ意味について、防衛研究所の高橋杉雄氏は、「米軍と自衛隊が共同作戦をおこなう形になった」と次のように指摘しています。

「これまでの日米防衛協力は、統合運用される米軍に、統合運用という形態をとらない陸海空の各自衛隊とが、個別に共同作戦をおこなう形であった。それが、統合幕僚監部の発足によって、**双方共に統合運用される米軍と自衛隊とが共同作戦をおこなう形になった**[3]」

陸海空の自衛隊が個別に日本国首相の指揮をうけるのではなく、統合運用されることによって、米軍の指揮のもと、一体となって共同作戦をおこなえるようになったのです。

こうした自衛隊の「統合運用」は、アメリカがアフガニスタンやイラクで戦争するために進めた、米軍の「トランスフォーメーション」をコピーしたものでした。

実は、この「統合運用」は、アメリカでおこなわれていた変革を日本にもちこんだものでした。

アメリカでは今世紀に入って、とりわけアフガニスタンやイラクへの侵攻を強行したブッシュ政権のもとで、文民統制を崩壊させる「トランスフォーメーション」が進められました。

簡単に説明すると、米軍がすべての目標に対して、迅速かつ大規模で、しかも精密な攻撃を加えることにより、敵に攻撃から逃れることのできる「聖域」をあたえないようにするというのがこの「変革」の目的です。

そのために、情報技術をフルに活用して、統合された指揮・統制・通信・コンピューター・情報・監視・偵察などすべての分野にまたがって、指揮・命令を統一して全軍を機動的に動かそうというわけです。

この大変革にあわせて日本でも、米軍基地の集中と強化、自衛隊との一体化などの米軍の「変革」がすすめられました。

アメリカはもともと、軍人とくに高級将校が高い地位や報酬を得ている軍事国家です。かつてはそのアメリカでも、政治の仕組みとしてはことあるごとにシビリアン・コントロール（文民統制）が強調されてきましたが、最近ではもうあまり言われなくなりました。

このブッシュ政権の進めた米軍の大変革を日本にもちこんで強行されたのが、自衛隊の「統合運用」だったのです。

こうして自衛隊では、米軍の統合運用との整合性をはかるために、シビリアン・コントロールの原則を守らず、防衛省設置法と自衛隊法を改悪して、軍人が実質的に日米の軍事的問題をとりしきる体制がつくられてきたわけです。

事実、当時の外務省の海老原北米局長も、

「ブッシュ大統領の声明にあったアメリカ側の考え方にもとづいて、日米の外務・防衛当局のさまざまのレベルで緊密に協議している」

と国会で答弁していました。(4)

「統合運用」は、ブッシュ政権の「トランスフォーメーション」のコピーだということを、外務省も認めていたのです。

二〇一四年に訪米した河野統幕長は、統合参謀本部議長ら米軍制服組の首脳たちに対し、南シナ海やアフリカへの自衛隊の派兵など、重大な「政治的約束」を独自の判断でおこないました。

このようにして日本にもちこまれた「トランスフォーメーション」が、実際にどういう事態を引き起こしたかを示す文書があります。

「取扱厳重注意」と印された河野克俊・統合幕僚長の訪米報告書です。

二〇一四年一二月に訪米した河野統幕長は、ワシントンの国防総省でデンプシー統合参謀本部議長、オディエルノ陸軍参謀総長、グリナート海軍作戦部長、ダンフォード海兵隊司令官、ワーク国防副長官、スペンサー空軍副参謀総長、スイフト海軍作戦部幕僚長らと次々に会談しました、

会談で河野統幕長が約束した内容は、いずれも重大な政治問題で、本来なら防衛大臣でも容易に即答できないはずのものでした。

たとえば、オディエルノ陸軍参謀総長が、

「安保法制は予定通り進んでいるか。何か問題はあるか」

と質問したとき、河野統幕長は、

「夏までには終了すると考えている」

と即答していたのです。

安倍内閣が安保関連法案を閣議決定したのは、それから五カ月後の二〇一五年五月一四日のことでした。それなのに河野統幕議長は、与党でも政権でもまだ合意されていない段階で、米軍の幹部に期限を定めて約束していたのです。

さらに河野統幕議長は、

「私はデンプシー議長と日米同盟の深化などについて議論するために訪米した」

とのべています。「日米同盟の深化」という高度の政治問題が、みずからの訪米の目的であると明言したわけです。

デンプシー統合参謀本部議長との会談ではさらに、カリフォルニアでの米陸軍と陸上自衛隊の共同訓練や指揮統制機能の強化など、指揮権密約に関係する問題も話しあわれました。

このように制服組の統幕長が訪米して米軍幹部と合意すれば、きわめて重大な問題でも必ず実現する。いまや日本の軍事組織の状況は、ここまでおかしなことになっているのです。

二〇一五年六月には、こうした背広組（文官）と制服組（武官）の関係を反映して、防衛省設置法と自衛隊法が改定されました。それにもとづき、防衛省は自衛隊の作戦計画の策定を、すでにふれた統合幕僚監部[注]のもとに一元化しました。このとき『産経新聞』（二〇一六年二月二九日）は、

「この法改正により、背広組と制服組の対等な立場が明確化した」

「自衛隊の部隊運用について、制服組のトップである統合幕僚長が防衛相を直接補佐する仕組みが整った」

と書いています。

（注）**統合幕僚監部**　略称・統幕。外国軍の統合参謀本部に相当し、陸海空自衛隊を一体的に部隊運用することを目的とした機関。陸上幕僚幹部・海上幕僚幹部・航空幕僚幹部とあわせ、高級幹部の間では「四幕」とよばれる。前身は統合幕僚会議（略称・統幕会議）。英語はJoint Staff Council。略称ＪＳＣ。

制服組の自衛隊と在日米軍代表による作戦指揮所が、常設化されることになりました。

こうした流れのなかで二〇一四年には、自衛隊と在日米軍の共同作戦を指揮する「共同

運用調整所」が常設化されました。(5)

この調整所には、日本側が統合幕僚監部と陸海空各自衛隊の幕僚監部の幹部、アメリカ側が在日米軍司令部の幹部をそれぞれ固定メンバーとし、両政府の防衛・外務当局や民間空港・港湾を所管する国土交通省など、関係各省の担当者も必要に応じて加われるようにするというのです。

つまりこのときすでに、米軍と一体化した自衛隊の制服組幹部が、常設化された組織のなかで日本政府の課題について相談して、そこで決まったことが日本政府の各省庁に指示されるという形が、すでにできていたということです。

第三次ガイドラインでは、平時から緊急事態までのあらゆる段階で、自衛隊と米軍が政策面・運用面での調整を強化して、自衛隊が米軍司令官の指揮をスムーズに受け入れるための仕組みが合意されています。

二〇一五年四月二七日にニューヨークで開催された日米安保協議委員会(ツー・プラス・ツー)で、日米の外相・防衛相と国務・国防両長官が「日米防衛協力のための指針」(ガイドライン)に合意しました。

日米安保協議委員会は一九九〇年に、アメリカ側のメンバーが国防長官と国務長官に格上げされ、日本側の防衛大臣（二〇〇七年一月までは防衛庁長官）、外務大臣とともに閣僚級の機関となり、「ツー・プラス・ツー（2＋2）」とよばれるようになりました。

ガイドラインはそれまで一九七八年一一月と一九九七年九月に結ばれたので、再々改定になりますが、本書ではこれを「第三次ガイドライン」とよぶことにします。

第三次ガイドラインには、数多くの重大なことが書かれています。

たとえば、「政策面・運用面の調整」について書かれた箇所には、米軍の指揮のもとに、自衛隊が米軍とどこで、どのように共同作戦をするかという、きわめて重大なことが書かれているのです。

自衛隊はアジア・太平洋地域を越えて、地球上のどこでも、日米同盟の義務をはたすことになりました。

第三次ガイドラインは冒頭に、その「目的」として、

「平時から緊急時までのいかなる状況においても日本の平和及び安全を確保するため、また、アジア太平洋地域及びこれをこえた地域が安定し、平和で安定したものになる」[6]

そのために日米が防衛協力すると書かれています。

「日本の平和と安全」だけでなく、「アジア太平洋地域をこえた地域」の平和と安定までもが日米同盟の目的だというのです。中東はもちろんアフリカもふくむ、まさにグローバル（地球的規模）に、米軍と自衛隊が軍事協力するための指針だということなのです。

この第三次ガイドラインが発表された翌日の『朝日新聞』（二〇一五年四月二八日）は、

「中東地域を担当する米中央軍を自衛隊が支援する場面も想定される」

と書き、同日の『毎日新聞』は、米国防総省高官の言葉として、

「日米の協力が世界規模でできるようになった」

と報じました。


「同盟調整メカニズム（ACM）」に軍と軍の調整機関が設置され、ついに事実上の日米統合司令部が発足することになりました。

指揮権密約を実行するうえでもっとも重要な機能をはたすのは、「同盟調整メカニズム」（ACM）です。ガイドラインが日米の戦争マニュアルとすれば、こちらは日本を平時から臨戦態勢に組みこむ日米の戦争司令部です。

二〇一五年の国会で安保法制が成立したあと、同年一一月に、同盟調整メカニズムとともに、もうひとつ重要な日米の共同機関がつくられました。日米両国政府が共同で計画を策定する「共同計画策定メカニズム」(BPM)です。

同盟調整メカニズムと共同計画策定メカニズムという二つの機関は、米軍が自衛隊を動かすための「車の両輪」です。自衛隊が、在日米軍の上部機関である太平洋軍司令部の指揮下に入ることを保障するものなのです。

同盟調整メカニズムには、左ページの図にあるように次の三つの調整機関があります。

1 日米両国政府の局長らと、自衛隊や太平洋軍司令部などによる同盟調整グループ
2 統合幕僚監部、陸海空各幕僚監部代表と、米太平洋軍司令部および在日米軍司令部による共同運用調整所
3 陸海空の各自衛隊代表と米陸海空軍の各レベル代表の間の調整所

安保法制の国会審議で明らかにされた統合幕僚監部の内部文書(「安保法制実施の日程表」)によれば、同盟調整メカニズムには、軍と軍の間の調整機構が設置され、そこに自衛隊(主として統合幕僚監部)から要員が派遣されます。こうして事実上の日米統合司令

同盟調整メカニズム(ACM)の構成

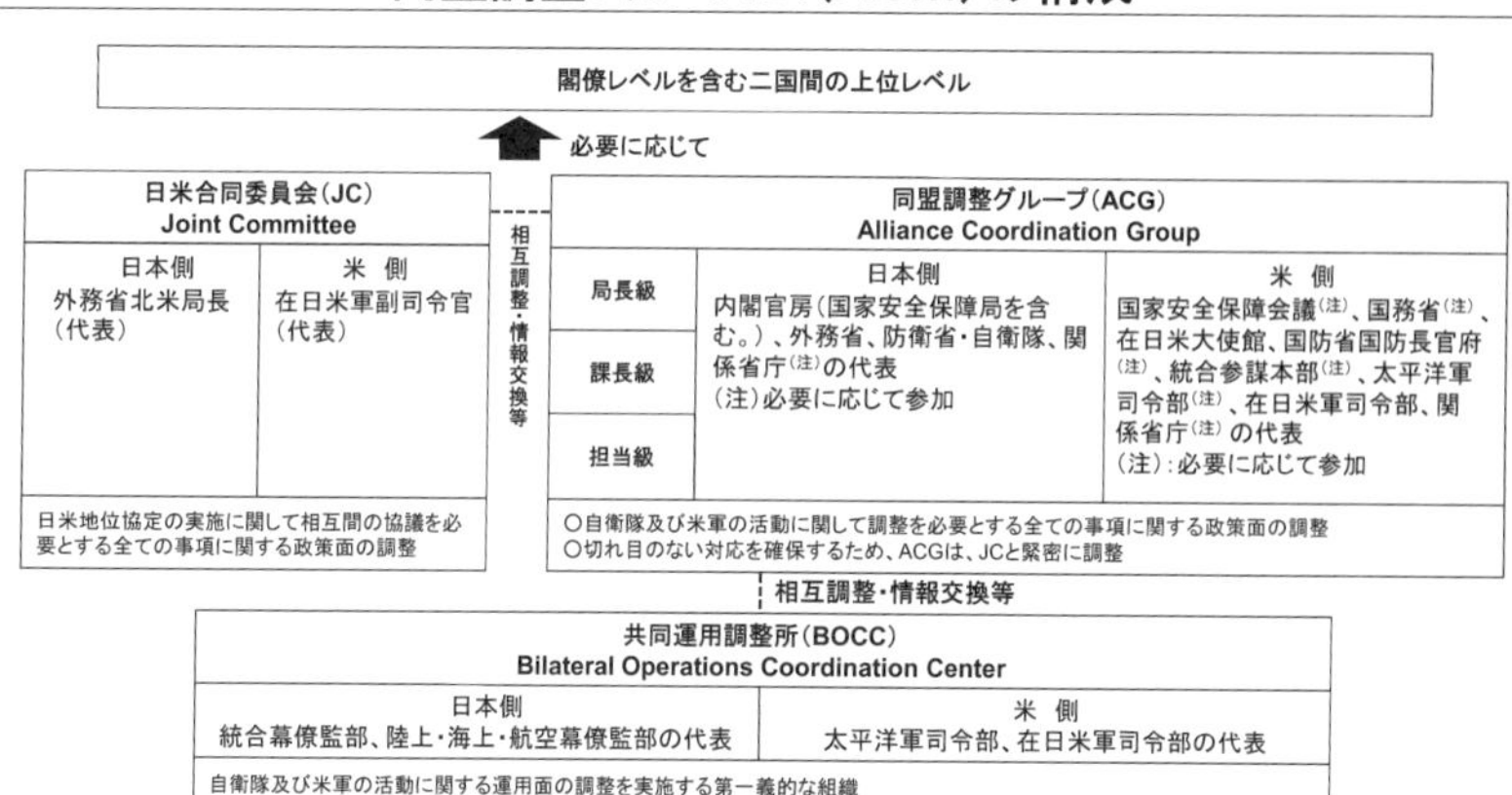

共同計画策定メカニズム(BPM)の構成

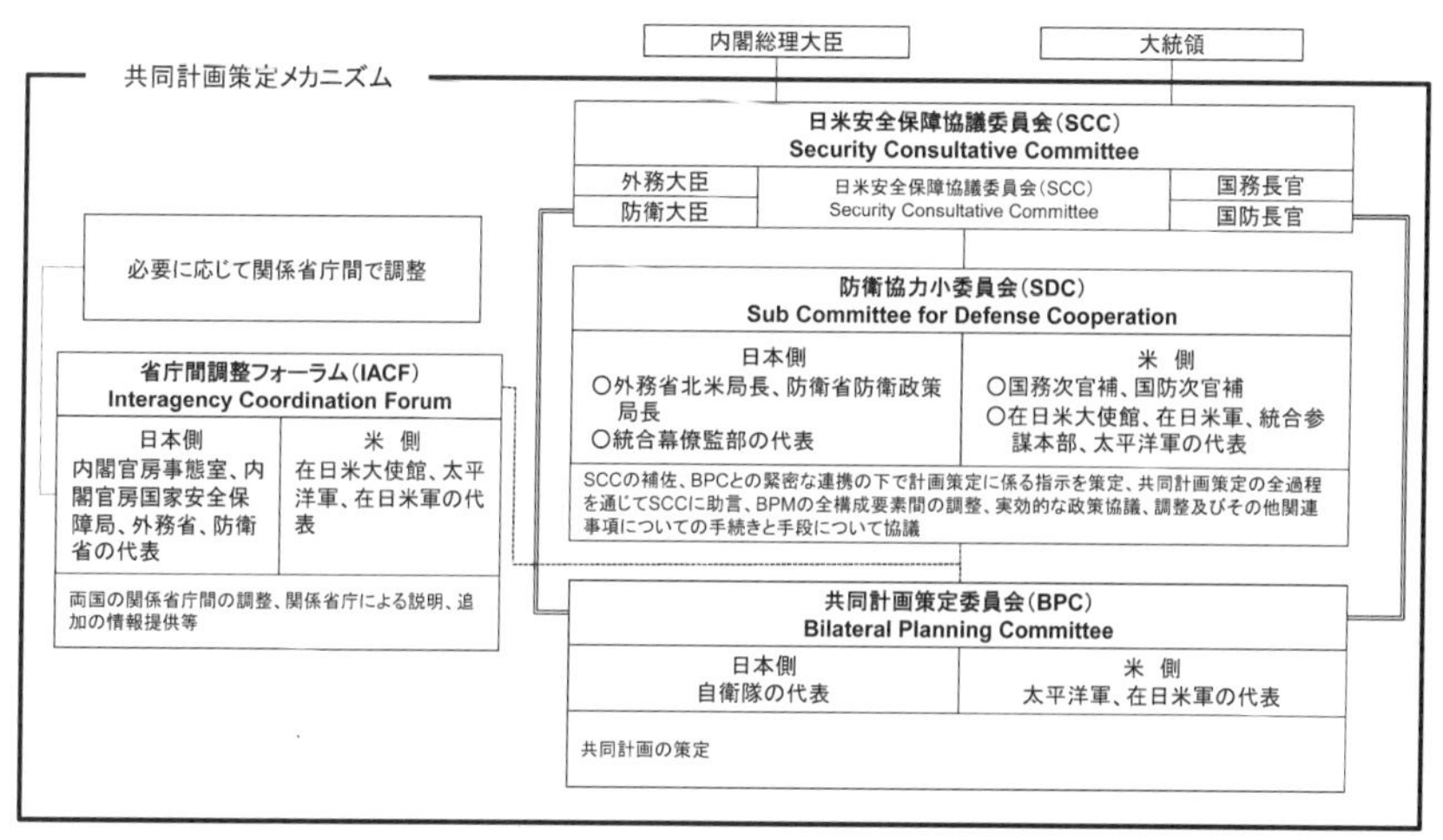

(総務省ホームページ)

部が常設されることになったわけです。

米軍と自衛隊は二〇一五年の第三次ガイドラインにもとづき、平時から切れ目なく緊密に連絡をとりあうようになり、自衛隊は平時から米軍の指揮を受けることになりました。

305ページの図のなかの「同盟調整グループ（ＡＣＧ）」には、アメリカ側から在日大使館、在日米軍司令部の局長級や幹部の代表が常時出席するほか、国家安全保障会議、国務省、国防総省国防長官府、統合参謀本部、太平洋軍司令部、関係省庁から必要に応じて代表が参加します。

そして図にもあるように、この同盟調整グループは、

「**切れ目のない対応を確保するため、日米合同委員会**（ＪＣ）と緊密に調整する」

ことが定められているのです。

そうです。ここであの問題の日米合同委員会が登場するのです。アメリカの太平洋軍司令官が、自由に日本の官僚に指示を出して動かすことのできるあの密室の協議機関が、こうして指揮権の問題をあつかう同盟調整グループと「緊密に調整する」ことになったので

す。**指揮権密約を実行するための日米間の仕組みは、これでほぼすべて完成したといえるでしょう。**

共同運用調整所には、日本側からは統合幕僚監部や、陸海空の各自衛隊の代表が、アメリカ側からは太平洋軍司令部、在日米軍司令部の代表が、それぞれ出席します。

第三次ガイドラインでは、平時から緊急事態までのあらゆる段階で、自衛隊と米軍が切れ目なく緊密に連絡をとりあうことになっています。

つまり自衛隊が平時から米軍の指揮下に入ることが、日米の制服組のあいだで合意され、文書化されたということです。

平時から運用される常設の同盟調整メカニズムは、二〇一五年九月に安保法制が成立したあと、同年一一月三日の日米防衛相会談と防衛協力小委員会での協議をへて運用が始まりました。

そのための重要な機関である米軍と自衛隊の調整所は、横田基地と東京市ヶ谷の防衛省を中心に運用されます。その事実上の日米の統合司令部のもとで、各自衛隊は平時から米軍の指揮下におかれているわけです。

自衛隊と米軍は第三次ガイドラインができた直後から、それを実行するための「統合実動訓練」をはじめ、激しい共同訓練をくり返しています。

自衛隊と米軍は二〇一五年の七月二〇日から一〇月二〇日まで、アメリカのカリフォルニア州にあるキャンプ・ペンドルトンや、米海軍サンクレメンテ島訓練場および同周辺海空域で「統合実動訓練」を実施しました。

これには自衛隊の統合幕僚監部、情報本部、西部方面隊、中央即応集団、掃海隊群、航空総隊などから一一〇〇名が参加しました。米軍から参加したのは第三艦隊、第一海兵機動展開部隊などでした。

二〇一五年七月から一〇月といえば、第三次ガイドラインを実行するための安保関連法案が国会で審議され、衆参両院で強行採決され、同年九月一九日に成立した時期とほとんど重なっています。

自衛隊と米軍は同法が成立する前からすでに、その成立を前提にした大規模で実戦的な共同統合訓練をおこなっていたのです。

この日米統合実動演習の一部は「夜明けの電撃戦（ドーン・ブリッツ）」として二〇一

南カリフォルニア州でおこなわれた日米統合演習「ドーンブリッツ」。写真は自衛隊護衛艦「ひゅうが」に米海兵隊のオスプレイが着艦する訓練（防衛省ホームページ）

五年八月一八日から九月九日までおこなわれ、陸上自衛隊からは西部方面隊、中央即応集団が、海上自衛隊からは護衛艦「ひゅうが」「あしがら」、輸送艦「くにさき」などが、航空自衛隊からは航空総隊が参加しました。

演習では、米海兵隊のＭＶ22オスプレイが海上自衛隊護衛艦「ひゅうが」のヘリ空母甲板に着艦・発進して負傷者を搬送するなど、日米一体の作戦を展開し、米海軍の司令官は「われわれ（米軍と自衛隊）は同じものをめざしている」と強調しました。

また二〇一六年一月一二日から二月二日まで、日米共同統合指揮所演習が、東京の防衛省や横田基地をはじめ、各地の米軍と自衛隊の基地を結んでおこなわれ、自衛隊員六五〇〇人、米軍から六〇〇〇人が参加しました。

こうして自衛隊と米軍は現在、陸海空で数多くの共同訓練をおこなっています。そしてそこではもちろん米軍司令官の指揮権を前提に、一体化した訓練がくり返されているのです。

米軍と自衛隊が事実上の統合司令部をつくり、戦争で勝つために何でもする。日米両政府が合意した第三次ガイドラインに書かれていないこともおこなうという体制が、実現しつつあります。

「日米両政府は、同盟調整メカニズムを通じ活動を調整することができ、自衛隊と米軍はベスト・プラクティスを共有する。**この指針に必ずしも含まれていない広範な事項についても協力する**」(7)

「同盟調整メカニズム」はさきに紹介したように、米軍と自衛隊、すなわち軍と軍が直接連携する統合司令部です。日本防衛のためのものではなく、アジア太平洋をこえた地球的規模で行動するための仕組みです。

「ベストプラクティクス」とは日本語に翻訳すれば「最善をつくす」ですが、ここでは軍事用語ですから、戦争に勝つために万全を期するということです。日米の外相・防衛相と国務・国防長官（2プラス2）が決めた公式のガイドライン通りにやるだけでなく、そこに書かれていないことも実行するということです。

さらに国連の平和維持活動（ＰＫＯ）についても、第三次ガイドラインは次のようにのべています。

「自衛隊と米軍とのあいだの相互運用性を最大限に活用するため緊密に協力する。適切な場合に、**同じ任務に従事する国連その他の要員に対する後方支援の提供**、保護において協力することができる」

つまり、自衛隊は国連ＰＫＯとして海外に派遣された場合も、米軍と緊密に連携して行動するということです。その米軍は「ワン・ボス（One Boss）」（一人の指揮官）を鉄則にしており、国連司令官ではなく、米軍司令官の指揮下で行動します。かつてソマリアで米軍兵士が現地の武装勢力に殺害された経験から、アメリカはこれをさらに徹底しています。こうして自衛隊が国連ＰＫＯを看板にしながら、海外で米軍の指揮のもと行動する危険が強まっています。

国連安保理で拒否権をもち、他の理事国に対しても影響力をもつアメリカは、みずからの利益に合致する場合は国連PKOの枠組みを利用しますが、みずからの利益に合わない場合や、安保理で賛成が得られない場合は、米軍指揮下の多国籍軍や有志連合として独自の戦争をつづけています。

たとえば二〇〇三年のイラク侵攻がそうでした。

イラク戦争では、航空自衛隊の輸送機がクウェートの米軍基地からイラクの戦場に米兵を空輸しました。復興支援活動を最優先でおこなうという建前の裏側で、米兵を中心とした多国籍軍部隊を輸送していたのです。**このとき自衛隊は事実上、カタールの米中央軍司令部の指揮下に入って、その要請にもとづいて活動していたわけです。**

そのように自衛隊が今後、アフリカなどでも米軍の指揮を受けて行動する可能性が高まっています。

「海賊対策」や「海上交通安全」を理由にした自衛隊の海外派兵が進んでいます。

第三次ガイドラインは、

「日米が協力しておこなう活動の例には、海賊対処、機雷掃海などの安全な海上交通のための取りくみ、大量破壊兵器の不拡散のための取りくみおよびテロ対策活動のための取りくみを含み得る」

とのべています。

自衛隊は海賊対策の名目でジブチに駐留しています。海賊被害はもうほとんど起きていませんが、滑走路を米軍と共有し、支援部隊五八〇人が常駐し、護衛艦などを配備しています。陸上自衛隊の海外派兵専門の部隊である中央即応連隊の隊員も警備隊の一員として駐留するようになりました。

二〇一五年の第三次ガイドラインにもとづき、自衛隊が海外で米軍を支援して戦争をするための安保法制が、国会で強行採決されました。

ここまで何度もお話ししてきたとおり、新安保条約の第五条では、自衛隊が米軍と共同で軍事行動をおこなうのは、日本の領土が外国から攻撃された場合にかぎられています。この点については歴代政府においても、日本国憲法のもとでは他国のために武力行使をすること（集団的自衛権の行使）はできないという憲法解釈が採用されてきたからです。

このため一九六〇年の安保改定では、当時の岸首相が「憲法九条は廃棄の時」と米メディアに表明して、憲法を変えるつもりでした。しかし、それを果たせずに退陣せざるをえなかったことは、第三章で見たとおりです。

ところが安倍政権は二〇一四年に閣議決定でその憲法解釈を変えて、翌二〇一五年に安保法制を国会で強行採決させました。

安倍首相は安保法制の成立以前から、「イスラム国」に空爆をつづける米軍などへ自衛隊が後方支援をおこなうことも、「憲法上は可能」とする考えを早くから表明していました。**戦後ずっと政府が維持してきた憲法解釈を、第三次ガイドラインを実行できるように変更するつもりだったからです。**

自衛隊の戦域は、中東からアフリカへと広がる。

アメリカの国防総省は、四年に一度、国防計画を改定します。これは「四年ごとの国防計画見直し」（ＱＤＲ）とよばれ、米軍が今後どのような課題を重点に取りくもうとしているかを明らかにするものです。アメリカはこのQDRにもとづき軍事戦略をつくり、それを実行するためのさまざまな要求を日本に対してもおこなってくるので、これは自衛隊にとってもきわめて大きな影響をもつ文書なのです。

直近のQDRは二〇一四年に発表されました。防衛省系新聞の『朝雲』（二〇一四年三月一三日）の翻訳を読むとこんなことが書かれています。

「世界中の同盟国、友好国にとっての課題、なかでも北朝鮮やイランの体制がもたらす課題は流動的であり、予想しにくい。動乱と暴力は他の地域でもつづき、とくにサヘル地域から南アジアへ伸びるぜい弱な体制の国々の暴力的過激主義は、宗派間紛争の温床となり、海外のアメリカ国民に脅威をあたえている」

サヘル地域とは、アフリカ大陸の西端のセネガルから、東はチャドのあたりまでの東西に帯状に広がる地域です。

米国防総省は、このサハラ以南の中部アフリカ地域での特殊作戦を重視し、アメリカの軍事顧問団が現地軍を動かしたり、あるいは無人機などで武装勢力を攻撃するための情報・拠点基地を各国につくっています。『ワシントン・ポスト』は早くも二〇一二年六月一四日付で、アフリカ大陸の北部と中央部で、米軍がどこに情報拠点や軍事顧問団を置いているかを調べて地図と記事で明らかにしました。

そのサヘル地域から南アジアに伸びる地域といえば、自衛隊が駐留するジブチなどが含まれます。さらにはそこから紅海やアデン湾を挟んで、アラビア半島があり、その北側にはイラクやシリア、東へ行くと、イラン、アフガニスタン、パキスタンなどがあります。

前出の河野克俊統合幕僚長は、二〇一四年一二月に国防総省でデンプシー米統合参謀本部議長らと会談したとき、自衛隊のジブチ派遣の拡大に言及し、今後は米太平洋軍司令部（PACOM）、米中央軍司令部（CENTCOM）とともに、米アフリカ軍司令部（AFRICOM）との連携も強化していきたいとのべていました。

米中央軍司令部は米軍の中東地域の作戦を指揮する司令部であり、米アフリカ軍司令部は北アフリカでの米軍作戦を指揮しています。

河野統幕長が、これらの司令部の名前をあげて、自衛隊との連携強化を米統合参謀本部議長に約束したということは、将来は自衛隊を中東と北アフリカに派遣して、それぞれの米軍司令部の指揮下に入る意思のあることを示唆したものと見てよいでしょう。

日本国憲法を支持する日本の世論が、指揮権密約をめぐる歴史的攻防のカギを握っています。

ここまで本書で見てきたとおり、指揮権密約が一九五二年に結ばれてから、密約を実行して自衛隊を米軍の指揮下で戦争させようとする力と、それを阻(はば)もうとする力の激しいせめぎ合いがずっとつづいてきました。

日本は戦争への道を進むのか、それとも日本国憲法を守って、平和の道を進むのか。私たちの暮らし、あるいは日本の将来をかけた戦後史のドラマが最終段階に近づいています。指揮権密約をめぐるこの壮大なたたかいのカギを握っているのは、日本の世論と市民運動です。

歴史をふり返ると、日本政府はこれまで長らくアメリカ政府と密室の協議を重ね、憲法解釈を変えて、自衛隊を海外に送りだす法律をつくってきました。けれども今日にいたるまで、海外の戦場で自衛隊が外国軍と交戦することは阻止されてきました。

二〇一五年の国会で安保法案が強行採決され、二〇一六年一一月には南スーダンに駐留していた自衛隊に、この法律にもとづく命令が出されましたが、二〇一七年三月には撤収を命令せざるをえませんでした。

指揮権密約が結ばれて以降の六〇年を超える戦後の歴史は、私たち日本人がその密約の実行を阻みつづけてきたことを教えてくれています。安保法制が可決された現在でもなお、その事実は変わらず証明されつづけているのです。

アメリカは今後、海外の戦場への自衛隊の派遣を、まちがいなく求めてきます。

海外での地上戦に介入すれば自国の犠牲者が増え、社会がもたないから絶対にやってはならないというのが、アメリカがベトナム戦争から学んだ教訓でした。ですからその後の戦争はすべて、もっぱら空爆に頼っていました。

けれどもこの教訓は、二〇〇一年には忘れ去られることになりました。アメリカは九・一一同時多発テロを理由に始めたアフガニスタン戦争と、その後のイラク戦争における暴走から、いまだに抜けだせないでいます。

それだけではなくアメリカは、中東や、さらにはアフリカでも、現地軍に顧問団を送りこみ、あるいは情報を供給するなど、事実上の戦闘への参加をずっとおこなってきました。

オバマ政権下でも、アメリカは自衛隊のアフリカ派遣を再三にわたり要求してきました。

アメリカでは二〇一七年からトランプ政権になりましたが、米軍はそれまでの空爆に加え、中東やアフガニスタンへの武力介入を強化し、地上部隊の投入も強化しています。

アメリカは今後、必ず「対テロ戦争」や武装勢力との戦争に、自衛隊の参加を求めてくるはずです。それを止めるのは、私たちの世論しかありません。

ここまで本書でご紹介してきた、日米間に隠された本当の軍事的関係と、そこに横たわる「指揮権密約」の存在。その歴史的経緯をひとりでも多くの人に知っていただくことが、これから予想される激動の時代に日本人がたちむかううえで、非常に重要だと私は思っています。

「指揮権密約」関連年表　1997年〜現在

1997年9月23日	日米安保協議委員会、第2次日米ガイドライン
1999年5月28日	周辺事態安全確保法公布（8・25施行）
2000年10月11日	アーミテージ（米国防大学国家戦略研究所）報告
2001年9月11日	アメリカで同時多発テロ
10月7日	米英軍、アフガニスタンに侵攻。10・29「テロ特措法」など成立
2003年3月20日	米英軍、イラクに侵攻
2004年1月22日	航空自衛隊空輸本隊、クウェートに出発
2月3日	陸自、イラクに出発、2・9海自、クウェートに出発
2005年5月2日	自衛隊、多国間共同演習コブラ・ゴールドに初参加
10月29日	日米安保協議委員会（2＋2）「日米同盟・未来のための変革と再編」共同発表 （以後「2＋2」は略）
2006年3月27日	防衛庁設置法、自衛隊法改定、統合幕僚監部発足
5月1日	日米安保協議委員会「再編実施のための日米ロードマップ」
6月29日	日米首脳会談、共同文書「新世紀の日米同盟」
2007年1月9日	防衛庁が防衛省に、「国際平和協力活動」を本来任務に
3月28日	中央即応集団編成
5月1日	日米安保協議委員会、「同盟の変革」

9月1日	地方防衛局、防衛監察本部を新設
12月19日	米陸軍第1軍団司令部がキャンプ座間に
2009年2月17日	オバマ大統領、アフガニスタン米軍を1万7千人増派
4月3日	自衛隊がジブチと駐留地位協定調印
8月1日	防衛会議・防衛相補佐官を新設、防衛参事官制度を廃止
2011年6月21日	日米安保協議委員会「より深化し拡大する日米同盟にむけて」
2012年3月26日	空自航空総隊司令部、横田基地に移転
4月27日	日米安保協議委員会・辺野古新基地建設を確認
2014年4月1日	安倍内閣、武器輸出三原則を撤廃し「装備移転三原則」に
7月1日	集団的自衛権行使のための解釈改憲を閣議決定
12月17日	河野統幕長、米国防総省を訪問し統合参謀本部議長らと密談（〜18）
2015年4月27日	日米安保協議委員会、第3次日米ガイドライン
5月14日	安倍内閣、安保関連法案を閣議決定
7月20日	米ペンデルトンで日米共同統合実動演習（〜10・20）
9月19日	安全保障法成立
10月1日	防衛装備庁を新設
11月3日	日米同盟調整メカニズム、運用を開始
2016年1月12日	日米共同統合指揮所演習（〜2・2）

あとがき

二〇一五年に安保法制が成立し、日本が米軍の指揮下で戦争する危険が大きくなっています。

いったいなぜこんなことになったのか。二〇〇五年以来の訪米調査で入手したアメリカの国務省や統合参謀本部の文書を読むと、アメリカは戦後ずっと、日本がそうした道を歩むように求めてきたことがわかりました。それらの文書を急きょ、本にまとめて出版したのが、前著『機密解禁文書にみる日米同盟』(高文研) です。

安倍政権がしゃにむに進める安保法制の根本には、六〇年以上前に結ばれた指揮権密約の存在がある。

そうした視点で米公文書館から持ち帰った文書を改めて読みなおすと、日本の戦後史が、一本のストーリのもとにくっきりと見えてきました。

日米関係を研究するうえでは、もちろんアメリカ国立公文書館に保管されている文書のなかで国務省の文書が重要ですが、日本の軍隊を米軍の指揮下で使いたいというのはなによりも軍部の要求ですから、統合参謀本部の記録群を調べる必要があります。

もともと私が国立公文書館で調査を始めたのは、占領下の日米行政協定交渉の記録でした。それは占領軍総司令部から極東米軍司令部経由で陸軍省に送られ、それが統合参謀本部の記録群に保管されていました（『対米従属の正体』高文研）。このため統合参謀本部の文書を調べる必要に迫られ、そうして収集した文書が本書の執筆にも役立つことになりました。

つまり、日本の軍隊をみずからの指揮のもとで自由に使いたいというアメリカと、平和憲法をよりどころに、それを許さないという日本人のせめぎあいです。どれだけお伝えできたかはわかりませんが、これまで調べてきたことは、本書のなかでほぼ書ききったと思っています。

本書を執筆するにあたり、各地で米軍や自衛隊の動きを監視し、調査・研究している多くの方々から重要な情報を教えていただきました。とくに日本平和委員会の調査研究委員会では、多くのことを学ぶことができました。

また、ジャーナリストで『平和新聞』編集長の布施祐仁（ふせゆうじん）氏からは、イラクに派遣された陸上自衛隊と航空自衛隊が事実上、米軍主導の多国籍軍の指揮下で活動したことなど、重要な情報を提供していただき感謝しております。

平素からさまざまな問題につき、ご教示いただいている内藤功弁護士には心から感謝申しあげます。

共同演習や実際の戦闘で米軍司令官がどのように自衛隊を指揮するのか、そのために日米両政府は、あるいは自衛隊と米軍は何をしてきたのかを明らかにするためには、少なくとも一定の軍事的知識を必要とします。また、そうした軍事的な関係が、陸海空軍その他の戦力を放棄した憲法との関係でどうなるのか、そして戦後政治のなかでどのように扱われてきたのかという、軍事、法律、政治それぞれの分野の知識と経験が必要です。

この点で、指揮権密約の研究をするうえでなくてはならないこの三つの分野に精通した専門家の教えをうけることができたのはありがたいことでした。

内藤氏は、一九五七年から、砂川（すながわ）事件、恵庭（えにわ）裁判、長沼ナイキ訴訟、百里（ひゃくり）訴訟、イラク訴訟など、戦後史に残る数々の米軍・自衛隊の実態にかかわる裁判を担当されてきましたが、本書の執筆に際しても、指揮権問題についての重要な資料を提供してくださいました。

この機会に厚くお礼を申しあげます。

二〇一七年九月

末浪靖司

出典

序章　出典

（1）「統幕長訪米時における会談の結果概要について」二〇一四年一二月一四日

第1章　出典

（1）会議覚書、一九四九年一一月二日、主題：対日平和条約についてのマッカーサーの見解、機密、国務省平和条約ファイル

（2）対日平和条約締結会議アメリカ合衆国代表団、一九五一年九月一日、平和条約ファイル

（3）ジョン・B・ハワード、一九四九年一一月四日、「日本の軍隊の復活にかんする覚書」、機密、平和条約ファイル

（4）同右

（5）ハワード、一九四九年一一月二二日、マグルーダーへの覚書、極秘、国務省ハワード・ファイル

（6）ハワード、一九四九年一一月一〇日、「日本軍再活性化に関する国務省のとるべき立場」、機密、ハワード・ファイル

（7）ハワード、一九五〇年一月九日、「対日平和条約に関する行動勧告」、ハワード・ファイル

(8) W・J・シーボルトから国務省へ、一九五〇年四月六日、主題：平和条約後の米軍基地、極秘、国務省セントラル・ファイル
(9) ハワードから国務長官などへ、一九五〇年二月二八日、主題：対日平和条約と安全保障条約、機密、国務省極東局ファイル
(10) ハワードからバターワースへ、一九五〇年三月九日、主題：対日平和条約と安全保障条約、機密、セントラル・ファイル
(11) ハワード、一九五〇年三月三日、主題：軍事制裁に対する日本の戦争放棄の影響、極秘、平和条約ファイル
(12) サルツマン国務次官補からマッコイ極東委員会米代表へ、覚書、一九四八年一二月三日、秘密、FRUS
(13) ハワード、一九五〇年四月七日、主題：対日平和条約、会議覚書、機密、FRUS
(14) ジョージ・ケナンとマッカーサーの会談覚書、一九四八年三月五日、機密、国務省ケナン・ファイル
(15) ジェサップ、マッカーサーとの会話メモ、一九五〇年一月五日、秘密、セントラル・ファイル
(16) マッカーサー、一九五〇年六月一四日、「平和条約問題に関する覚書」、機密、セントラル・ファイル
(17) マッカーサー、一九五〇年六月二三日、「戦後日本の安全保障に関する覚書」機密、セントラル・ファイル
(18) フィアリーからアリソン北東アジア局長へ、一九五〇年八月八日、覚書、セントラル・ファイル
(19) 統合参謀本部から国防長官へ、一九五〇年八月二二日、覚書、主題：対日平和条約の提案、機密、国務省シーボルト・ファイル

第2章　出典

(1) 統合参謀本部へ、「アメリカの対日政策に関する共同戦略調査委員会の報告」一九五〇年一二月二八日、機密、統合参謀本部ファイル
(2) 外務省「平和条約の締結に関する調書」『日本外交文書』第二冊一七七ページ
(3) 『日本外交史』第二七巻「サンフランシスコ平和条約」鹿島研究所
(4) 『日本外交文書』第二冊二三三ページ
(5) 『日本外交文書』第二冊四一二ページ
(6) アール・ジョンソンからマーシャル国防長官へ覚書　一九五一年二月一〇日、極秘、平和条約ファイル
(7) アリソンからシーボルトへ、極秘、FRUS
(8) 一九五一年四月二日、ジャック・J・ワグスターフ中佐がダレスにあてた極秘書簡のコメント。FRUS
(9) 統合参謀本部へ海軍作戦部長の覚書、一九五一年三月一四日、機密、統合参謀本部ファイル
(10) アメリカ政府『国際法規集』(TIAS) 二四九〇
(11) 会議覚書、一九五一年四月一八日、主題「対日平和条約」、極秘、平和条約ファイル
(12) リッジウエイから統合参謀本部へ、覚書、一九五一年一一月一八日、機密、統合参謀本部ファイル
(13) 統合参謀本部から国防長官へ、覚書、一九五一年一二月一八日、主題：日本防衛軍に関する国務・国防ハイレベル特別任務、統合参謀本部ファイル
(14) 米下院外交委員会聴聞会一九五一—五六年第一七巻「極東における米外交・極東パートI」
(15) 米日行政協定案　一九五二年一月二二日、FRUS
(16) SCAPから陸軍省へ、ラスク・レポート一四号、一九五二年二月八日、極秘、統合参謀本部ファイル。

(17) 国務省北東アジア局ダニングからヤング局長へ、一九五二年六月一三日、機密、セントラル・ファイル
(18) 外務省第九回公開文書。行政協定交渉第一三回非公式会談要録
(19) 外務省第九回公開文書。行政協定交渉第一四回非公式会談要録
(20) SCAPから国務長官へ・陸軍省安全保障情報、一九五二年二月八日、統合参謀本部ファイル
(21) 同右
(22) コリンズ参謀総長から国防長官へ覚書、一九五二年二月一一日、機密、統合参謀本部ファイル
(23) 国家安全保障会議(NSC)研究文書、一九五二年七月二三日、「対日行動の目的と方向」、機密、

第3章　出典

(1) アール・ジョンソン陸軍次官補からマーシャル国防長官へ、一九五二年三月四日、主題:日米行政協定、極秘、統合参謀本部ファイル
(2) 同右
(3) マッカーサー大使からダレス国務長官へ公電、一九五九年四月三〇日、秘密、国務省セントラル・ファイル
(4) ウィリアム・フォスター国防長官代理からアール・ジョンソンへ覚書、限定、一九五二年三月二九日、統合参謀本部ファイル
(5) トルーマン大統領の覚書、一九五二年四月二三日、「平和条約後の駐日米大使と極東米軍司令官の関係を律する原則」、国務省日米合同委員会ファイル、極秘
(6) ヤング北東アジア局長からアリソン国務次官補へ覚書、一九五二年六月一六日、主題:日本国内で米日

統合防衛措置を確立するための米日間の取決め、機密、セントラル・ファイル
(7) 同右
(8) 陸軍省からリッジウェイ極東米軍司令官へ、一九五四年一一月四日、「アメリカ陸軍参謀本部の見解」、機密、統合参謀本部ファイル
(9) モルガン代理大使からマクラーキン国務次官補へ、一九五五年六月一五日、極秘、セントラル・ファイル
(10) 会談覚書「重光との第二回会談・防衛問題」、一九五五年八月三〇日、極秘、セントラル・ファイル
(11) 「東亜日報」二〇一五年一二月三日（日本語電子版）
(12) マッカーサーからダレスへ、一九五七年五月二五日、極秘、駐日大使館ファイル
(13) フランク・ナッシュ大統領特別顧問、一九五七年一一月、大統領への報告「海外の米軍事基地・付録」、極秘、ホワイトハウス
(14) ハーター国務次官、一九五七年七月七日、準備文書「米軍再配置の衝撃」、極秘、国務省極東局ファイル、極秘
(15) ロバートソン国務次官補からダレスへ、一九五八年三月二二日、覚書「日米安保条約改定」、極秘、セントラル・ファイル
(16) ロバートソンからダレスへ、一九五八年三月二八日、主題：対日政策の再検討、極秘、セントラル・ファイル
(17) 太平洋軍司令部から海軍作戦部長へ覚書、一九五八年七月一日、主題：日米安保条約改定、極秘、統合参謀本部ファイル
(18) マッカーサーからダレスへ公電、一九五八年二月一二日、極秘、セントラル・ファイル
(19) マッカーサーからダレスへ　書簡、一九五八年二月一八日、極秘　セントラル・ファイル

(20) マッカーサーからダレスへ、一九五八年八月二六日、極秘 セントラル・ファイル
(21) ダレスからマッカーサーへ、一九五八年九月三〇日、行政協定改定、秘密、セントラル・ファイル
(22) パースンズから駐日大使館ホーシー公使へ、一九五八年一二月一九日、極秘、セントラル・ファイル
(23) パースンズからロバートソンへ、一九五八年一二月一八日、主題「フェルト提督の貴殿訪問」、部外秘
(24) 国務省「行政協定と米軍地位協定の比較分析」
(25) ディロン国務長官代理からマッカーサーへ、一九五九年五月九日、秘密、セントラル・ファイル
(26) マッカーサーからダレスへ、一九五九年六月一八日、機密、セントラル・ファイル
(27) アメリカ国家安全保障会議決定、一九六〇年五月二〇日(NSC六〇〇八)

第4章 出典

(1) ペイン北東アジア局長からパースンズへ、覚書、一九六〇年七月一日、極秘、セントラル・ファイル
(2) 琉球新報二〇〇四年一〇月七日
(3) レムニッツアー統合参謀本部議長から国防長官へ覚書、一九六一年一一月三〇日、主題「アメリカの対日政策のためのガイドライン」、極秘、統合参謀本部ファイル
(4) アレクシス・ジョンソン国務次官から駐日大使館へ、極秘公電、一九七二年一二月五日
(5) キッシンジャーからニクソン大統領へ覚書 一九七三年七月三一日、極秘
(6) 『MAMOR』二〇一五年一〇月号

第5章　出典

（1）「自衛隊の統合問題」『新防衛論集』一九九八年九月号、防衛学会編、防衛弘済会発行
（2）二〇〇二年一〇月一一日、アメリカ国防大学国家戦略研究所特別報告書
（3）「自衛隊の統合運用態勢の強化と今後の課題」『国際安全保障』二〇〇七年三月号、国際安全保障学会
（4）二〇〇五年三月三〇日、参議院外交防衛委員会会議録
（5）『東京新聞』二〇一四年九月七日
（6）『防衛白書』二〇一六年版（以下、第三次ガイドラインの記述はこれによる）
（7）同右

末浪靖司（すえなみ・やすし）

1939年、京都市生まれ。大阪外国語大学（現・大阪大学）卒。ジャーナリスト。日本平和委員会常任理事、日本中国友好協会参与。著書に『対米従属の正体』(高文研)、『機密解禁文書にみる日米同盟』（同)、共著書に『検証・法治国家崩壊』（創元社)、『日中貿易促進会―その運動と軌跡』（同時代社）がある。日米外交・安保条約関係の論文として、「日米解禁文書にみる安保密約外交」（『前衛』1988年3月号)、「アメリカが求める九条改憲の深層」(同2013年5月号)、「安倍暴走・異常さの背景と弱さ」（同2016年2月号）など多数。

「戦後再発見」双書❻

「日米指揮権密約」の研究
自衛隊はなぜ、海外へ派兵されるのか

2017年10月10日　第1版第1刷発行

著　者……………………………………
末　浪　靖　司

発行者……………………………………
矢　部　敬　一

発行所……………………………………
株式会社 創　元　社
http://www.sogensha.co.jp/
本社　〒541-0047 大阪市中央区淡路町4-3-6
Tel.06-6231-9010　Fax.06-6233-3111
東京支店　〒162-0825 東京都新宿区神楽坂4-3 煉瓦塔ビル
Tel.03-3269-1051

企画・編集……………………………………
書　籍　情　報　社

印刷所……………………………………
三松堂株式会社

ISBN978-4-422-30056-6